Das Wesen des Gußbetons

Eine Studie mit Hilfe von Laboratoriumsversuchen

von

Dr.-Ing. G. Bethke

Mit 33 Textabbildungen

Berlin
Verlag von Julius Springer
1924

ISBN-13: 978-3-642-89538-8   e-ISBN-13: 978-3-642-91394-5
DOI: 10.1007/978-3-642-91394-5

Vorwort.

Aus der Praxis des Gußbetonbaues ist bekannt, daß nicht nur die Rinnenneigung, sondern auch die Zusatzwassermenge, das Mischungsverhältnis und die Kornzusammensetzung des Zuschlages auf die Güte des Betons von Einfluß sind. Es ist auch bekannt, daß Kiessand sich anders verhält als Splitt und Steinschlag, und daß das Verhältnis von feinem zu grobem Zuschlagstoff die Gießbarkeit und die Entmischungsmöglichkeit bei der Verarbeitung des Betons mit Hilfe von Gießrinnen bedingt. Insbesonders haben die in der Literatur bekanntgewordenen Untersuchungen bei den Schweizer Talsperrenbauten die Abhängigkeit der Gießbarkeit und der Festigkeit des Betons von dem Sandgehalt erwiesen.

Die Frage, in welchem Maße die *Elastizität*, *Festigkeit* und die Dichtigkeit des gegossenen Betons unter Berücksichtigung der Veränderlichkeit der einzelnen Komponenten günstig oder ungünstig beeinflußt werden können, bedarf systematischer Untersuchungen. Auf einer Baustelle sind diese, selbst wenn genügend Zeit und Gelegenheit vorhanden wäre, nicht möglich. Im Laboratorium müssen andrerseits dieselben Voraussetzungen geschaffen werden, wie sie auf dem Bauwerk bestehen. Es genügt daher nicht, wie dies geschehen ist, einfach Beton mit einem Überschuß von Wasser herzustellen und aus Würfelproben weitgehende Folgerungen zu ziehen. Der Beton für die Untersuchungen muß gegossen werden, denn das Gießen und die Führung durch eine Rinne geben dem Beton bestimmte Eigenschaften.

Deshalb wurde für die vorliegenden Untersuchungen in dem Institut eine Gußbetonanlage geschaffen, mit der der Verfasser der vorliegenden Arbeit seine Untersuchungen über 1 Jahr lang ausgeführt hat.

Es bedarf wohl keines besonderen Hinweises, daß die Ergebnisse nicht verallgemeinert werden dürfen, sie gelten für die Annahmen, die den Untersuchungen zugrunde gelegt wurden. Mit der Änderung der Komponenten werden sich auch die *Ergebnisse* ändern müssen, wenn auch die Methode der Untersuchungen dieselbe bleibt.

Im Rahmen der Forschungsarbeiten des Instituts für Eisenbeton an der Technischen Hochschule in Karlsruhe ist die vorliegende Studie entstanden, deren Zweck es war, die Grundlagen zu suchen, die bei der Anwendung der Gußbetonbauweise zu beachten sind.

Karlsruhe, Oktober 1924.

E. Probst.

Inhaltsverzeichnis.

Einleitung.

Das Problem der Gußbetonbauweise ist in Deutschland von Anbeginn an gleich in Parallele zum Stampfbetonbau gesetzt worden. Es bildeten sich Anhänger und Gegner dieser in Amerika weitverbreiteten Betonierungsmethode, obgleich in Deutschland bis in die neuere Zeit nur ganz geringe Erfahrungen damit gemacht waren. Größere Erfolge der Amerikaner, die besonders durch den Bau des Panamakanals einer breiteren Öffentlichkeit in Erscheinung traten, lösten auf der einen Seite die Forderung weitgehendster Anwendung des Gußbetons aus, während man auf der anderen Seite zäh an der bisher mit gutem Erfolg angewandten Bauweise festhielt. Die in der Literatur erscheinenden Aufsätze versuchten anfänglich durch Gegenüberstellung der Vor- und Nachteile beider Betonverarbeitungsarten eine Klärung der Frage herbeizuführen. Erst später erkannte man, daß für Anwendung von Gußbeton auch stark die wirtschaftlichen Verhältnisse mitbestimmend sind, und daß der Vorsprung Amerikas auf diesem Gebiete bedingt war durch die dort verhältnismäßig früh einsetzende Konkurrenzfähigkeit der Maschine mit der menschlichen Arbeitskraft. Nach dem Krieg wurden auch in Europa eine Anzahl größerer Gußbetonbauwerke erstellt, wobei Deutschland mit einigen recht umfangreichen Bauten vertreten ist. Der bauende Ingenieur hatte sich seitdem auch bei uns mehr als bisher mit dem Gußbeton zu beschäftigen, und Herr Professor Dr.-Ing. Probst regte deshalb eine Reihe von Gußbetonversuchen an. Die Versuche der ersten Reihe wurden vom Verfasser an der Bautechnischen Versuchsanstalt Karlsruhe ausgeführt und ihre Ergebnisse in vorliegender Arbeit ausgewertet.

Der rein äußerliche Vergleich von Gußbeton- mit Stampfbetonbauwerken wird stets zugunsten des Gußbetons ausfallen, weil das dichtere Gefüge des gegossenen Betons im Verein mit der geringen Anzahl von Arbeitsfugen dem ganzen Bauwerk das Gepräge größter Monolität gibt. Auch hat der durch die Rinne zur Verwendungsstelle hinfließende Beton mit seiner großen Plastizität etwas ungemein Bestechendes, demgegenüber das Einbringen und Verarbeiten des Stampfbetons primitiv und weniger leistungsfähig erscheinen, muß. Erstmalig wurde von

Franzius[1]) und Probst[2]) auf Grund von Besichtigungen amerikanischer Bauten auf diese Unterschiede hingewiesen. Der Bau der Hemelinger Schleuse gab dann bald Gelegenheit, eigene Erfahrungen mit Gußbeton zu sammeln, und Franzius[3]) berichtet dabei auch objektiv von den nachteiligen Eigenschaften des Gußbetons, von der geringen Anfangsfestigkeit und von Entmischungserscheinungen beim Durchfließen der Rinne. Später stellte sich heraus, daß erhöhter Sandzusatz die Gießfähigkeit des Betons wesentlich verbesserte; eine Beobachtung, die auch an Gußbetonbauten, welche Rank[4]), München, in der damaligen Zeit erstellte, gemacht wurde. Wie schon eingangs erwähnt, kam es aber zu einer regelrechten Entwicklung des Gußbetonbaues in Europa erst nach dem Kriege. Enzweiler[5]) gibt uns hierüber durch Besprechung einer Reihe von teilweise noch im Bau befindlichen Gußbetonbauwerken eine Übersicht.

Für die Weiterentwicklung des Gußbetons ist der Grad seiner Wirtschaftlichkeit von entscheidendem Einfluß, der in der Hauptsache durch die Bewertung von Zeit- und Lohnersparnis gegeben ist. Für die Erzielung großer Leistungen in verhältnismäßig kurzer Zeit ist ein exaktes Ineinanderarbeiten von Betonherstellungs- und Betontransporteinrichtungen erforderlich. Die letzteren bestehen je nach Lage, Beschaffenheit und Ausdehnung der Baustelle in Rinnen mit künstlichem oder natürlichem Gefälle oder in Quertransporteinrichtungen, also Kabelkränen oder Derricks mit Kübeln, während unter Betonherstellungseinrichtungen in weiterem Sinne neben den Beschickungsanlagen der Mischmaschinen auch noch eventuell erforderliche Brech- und Mahlanlagen, ferner Silos für Sand, Kies und Schotter zu verstehen sind. Eine ausreichende Zufuhr der erforderlichen Rohstoffe muß unter allen Umständen gewährleistet werden. Die Leistungsfähigkeit moderner Gußbetonbaustellen sei durch nachfolgende Daten charakterisiert.

Tabelle 1.

Ort	Erforderliche Betonmassen in cbm	Leistung in m³/St.
Hetch-Hetchy-Mauer (Amerika)	365 000	125
St.-Antonio-Talsperre (Spanien)	270 000	38
Barberine-Talsperre (Schweiz) .	150 000	32
Schleuse Geestemünde	70 000	50

[1]) „Mehr Wasser." Z. V. deutsch. Arch. u. Ing.-Vereine 1912. — Stampfbeton oder Gußbeton. V d. I. 1913.

[2]) Neuere amerikanische Betonierungsmethoden. Armierter Beton 1913. — Stampfbeton oder Gußbeton. Armierter Beton 1913.

[3]) Erfahrungen mit Gußbeton. Beton Eisen 1914.

[4]) Gußbeton von Haves. Berlin: Wilhelm Ernst & Sohn 1916.

[5]) Über die neuesten Erfahrungen im Gußbetonbau. Bauing. 1923.

Derartige Leistungen sind bei Stampfbeton nicht möglich. Sie sind hier die Folge weitgehendster Ersetzung der menschlichen Arbeitskraft durch Maschinenanwendung. Diese Mechanisierung der Arbeitsverrichtungen, wie sie Agatz[1]) bei seiner Auswertung von Erfahrungen im Aufbau und Betrieb einer Gußbetonanlage nennt, hat ihre Grenzen in der mit zunehmender Verfeinerung auch zunehmenden Empfindlichkeit der Anlage gegen Betriebsstörungen. Außerdem spielen hier stark wirtschaftliche Momente mit hinein, deren Erörterung im Rahmen der Arbei zu weit führen würde. Es sei in diesem Zusammenhang auf den Aufsatz von Heintze[2]) verwiesen. Die verhältnismäßig hohen Kosten des ganzen Gießapparates, dessen Aufbau zudem noch den unproduktiven Teil des Bauauftrages vergrößert, deuten darauf hin, daß wohl erst von einer bestimmten Größe des Bauobjektes ab die Wirtschaftlichkeit des Gußbetons in Frage kommt. Sturm und Rank[3]) geben als unterste Grenze 4—5000 m³ Betonarbeiten an.

Um den Gußbeton auch auf dem Gebiet des Wohnhausbaues zu einem konkurrenzfähigen Baustoff zu machen, wurde Schlacke oder Bimskies zugesetzt. Der Beton wird dadurch nagelbar und auch in wärmetechnischer Hinsicht verbessert. Der Wohnhausbau ist ja eigentlich die Wiege des Gußbetonbaues, denn die beiden Amerikaner Edison und Harms, welche den Plan faßten, Beton zu gießen, haben dabei in erster Linie an das Gießen von Häusern gedacht. Die ersten gegossenen Bauten waren auch Wohnhausbauten, bei denen die Schalung aus Eisen vor dem Gießen komplett aufgestellt wurde. Die Wirtschaftlichkeit der Bauweise wurde durch starke Typisierung der Bauten und Herstellung ganzer Häuserblocks gewährleistet. In den letzten Jahren sind auch bei uns Wohnungsbauten aus Gußbeton erstellt worden, und zwar besonders beim Kleinsiedelungsbau. Auf Erfahrungen aufgebaute allgemeingültige Ergebnisse über die Brauchbarkeit des Gußbetons auf diesem Gebiet liegen noch nicht vor. Einzelheiten ergeben sich aus der unter [4]) angegebenen Literatur, doch soll erwähnt werden, daß eine zum Teil unsachgemäße Verarbeitung schlechte Ergebnisse zeitigte.

Materialeigenschaften des Gußbetons.

Einige allgemeine Eigenschaften des Gußbetons, wie sie sich aus anderweitigen Versuchen ergeben haben, seien nachfolgend noch erwähnt.

---

[1]) Das Gußbetonverfahren. Bauing. 1923.

[2]) Anwendung des Gußbetonverfahrens. Beton Eisen 1923.

[3]) Das Gußbetonverfahren und seine Entwicklung während der letzten 10 Jahre in Deutschland. Beton Eisen 1923.

[4]) Mischungsverhältnis für Gußbetonhäuser und gegossene Häuser. Zement 1920. — Ausführung von Wohnhäusern in Gußbeton nach „Loesch". Dt. Bauzg. 1920. — Behrend: Gegossene Häuser. Tonind.-Zg. 1920. — Perking: Amerik. u. engl. Gußbetonhäuser. Beton Eisen 1920. — Eisenlohr: Wohnungsbauten in Gußbeton. Beton Eisen 1921; Gutachten über Bauweise „Loesch".

Seitendruck des Gußbetons.

Der in die Schalung gegossene Beton übt besonders im Anfang einen stärkeren Seitendruck aus, den man bei der Schalungsherstellung und -aufstellung zu berücksichtigen hat. Auf Grund von Versuchen beim Bau der A.E.G.-Schnellbahn Gesundbrunnen—Neukölln hat Noack[1] ein allgemeines Gesetz für den Seitendruck von feuchtem Beton abgeleitet. Auch für den flüssigen Beton hat er dieses Gesetz graphisch ausgewertet, so daß man an Hand von Kurvenscharen die Einheitsdrücke des Betons in verschiedenen Tiefen unter Bauwerkoberkante ermitteln kann, wenn bekannt sind: Abmessungen des zu gießenden Betonblocks, Mischungsverhältnis und Abbindezeit des Betons und die stündliche Leistung pro Kubikmeter. Ob sich durch anderweitige Erfahrungen der Praxis diese Berechnungsmethode bewährt hat, ist hier nicht bekannt, jedenfalls haben aber Berechnungen nach der Erddrucktheorie unter Zugrundelegung reduzierter Wasserdrücke nur bedingten Wert, da allein schon die Änderung der Zementart ganz andere Druckverhältnisse schaffen kann.

Gefüge des Gußbetons.

Bei der Explosionskatastrophe in Oppau[2] waren Stampfbeton und Gußbeton nebeneinander außergewöhnlichen Beanspruchungen ausgesetzt. Beim Bauwerk 182, einem Silo in Eisenbeton mit aufgelöster Längswandkonstruktion, also über Pfeiler gespannte Wandplatten, war von einer gewissen Höhe ab die Herstellung dieser Pfeiler und Wände im Gußverfahren erfolgt, während unterhalb Stampfbeton verwendet wurde. Durch die Explosion erfolgte eine starke Überbeanspruchung auf Druck, wobei sich sowohl beim Stampfbeton wie beim Gußbeton die Arbeitsfugen als schwächste Stelle erwiesen. Die Zerstörungserscheinungen an den Pfeilern und Wänden sind aber im Gebiet des Gußbetons stärker als beim Stampfbeton. Spätere Untersuchungen[3] ergaben, daß der Gußbeton teilweise stark entmischt war, so daß man hier nicht beurteilen kann, inwieweit Herstellungsfehler für die geringere Widerstandsfähigkeit mit verantwortlich zu machen sind.

Temperaturerhöhung beim Abbindeprozeß.

Die beobachteten Temperaturerhöhungen beim Abbinden des Gußbetons sind diesem keineswegs eigen, sondern treten auch beim Beton anderer Konsistenz auf. Es wurden bei der Gatun-Schleuse des Panamakanals 20°, in Geestemünde 10—15° beobachtet. Über die Größe und

---

[1] Versuche zur Bestimmung des Seitendruckes von feuchtem Beton. Schweiz. Bauzg. 1923.

[2] Goebel und Probst: Die Lehren der Explosionskatastrophe in Oppau. 1923.

[3] Goebel: Der Wiederaufbau des Ammoniakwerkes Oppau. Bauing. 1923.

Verteilung der Temperaturänderungen in Betonkörpern, die durch verschiedene Faktoren bedingt sind, hat Lydtin[1]) Untersuchungen angestellt. Für die hier besonders interessierende Einwirkung des Wasserzusatzes ergibt sich daraus, daß mit steigendem Wassergehalt die Temperaturerhöhung kleiner wird. Das gilt ganz allgemein auch für den Fall, daß der Beton der abkühlenden Wirkung der Außentemperatur ausgesetzt ist. Die Temperaturleitfähigkeit $\left(\text{Ausdruck } a = \dfrac{\lambda}{\gamma \cdot c}\right)$ nimmt zwar unter sonst gleichen Verhältnissen mit zunehmendem Wasserzusatz ab, so daß die Abkühlung geringer wird, kann aber den Einfluß des Abbindewärmefaktors μ (eine Funktion der spezifischen Wärme) nicht ganz aufheben.

Abnützungsgrad des Gußbetons.

Abschließend sei noch eine typisch amerikanische Prüfungsmethode[2]) erwähnt, die ein Bild über die Brauchbarkeit des Betons im Straßenbau ergibt.

Bei der in Amerika weitverbreiteten Anwendung des Betons als Straßen- oder Flurpflasterung ist sein Grad der Abnützung durch dabei auftretende äußere Beanspruchungen wichtig. Geprüft wird dieser Abnützungsgrad im Talbot-Jones-Rattler. Es sind dies im Prinzip eiserne Trommeln, in welchen an der inneren Peripherie ein Kranz von normierten Betonkörpern befestigt wird. Es entsteht dadurch ein Betonring, in welchem normierte eiserne Kugeln hineingelegt werden. Nach Schließung der Seitenwände wird die Maschine in Rotation gesetzt (1800 Umdrehungen, davon 900 nach der einen und 900 nach der andern Seite; Tourenzahl 30 pro Minute). Abb. 1 gibt die graphische Auswertung eines solchen Versuches bei einer Mischung 1 : 4.

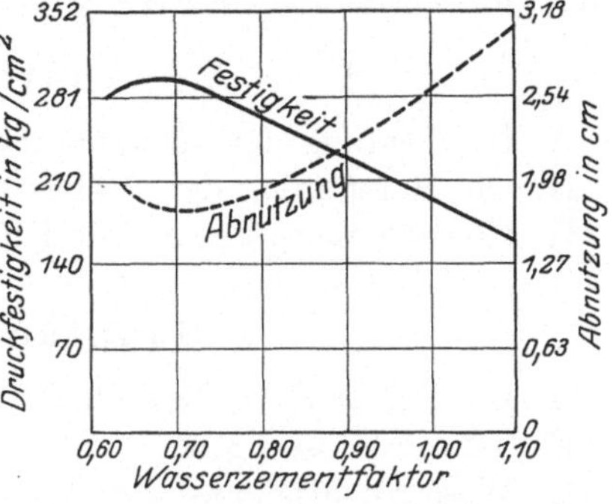

Abb. 1. Versuch über den Grad der Abnützung (nach Abrams).

Es ist ersichtlich, daß mit steigendem Wasserzementfaktor (zunehmendem Wasserzusatz) die Abnützung stark zunimmt. Das Alter der Probekörper betrug bei der Prüfung 4 Monate.

Soweit sich anderweitige Untersuchungen mit den Eigenschaften der Festigkeit, Elastizität, Dichtigkeit und des Schwindens von Gußbeton

---

[1]) Untersuchungen über die Größe und Verteilung der Temperaturänderungen in Betonkörpern usw. Dissertation: Karlsruhe 1924.

[2]) Abrams: Wear Test of Concrete. Bulletin Bd. 10. 1921.

befassen, werden sie im einzelnen jeweils bei den entsprechenden eigenen Versuchen näher erörtert werden.

Ganz allgemein sei hier nur gesagt, daß diese Untersuchungen meistens nur vergleichsweise mit anderen Konsistenzgraden des Betons das Gebiet des Gußbetons heranziehen, um diese oder jene Eigenschaft auch beim gegossenen Beton zu studieren. Es ist infolgedessen innerhalb des Gußbetongebietes nicht möglich, nähere Untersuchungen über die Wechselwirkungen der einzelnen Eigenschaften anzustellen, weil die dazu erforderliche einwandfreie Vergleichsbasis fehlt. Mit Ausnahme der amerikanischen Arbeiten haftet meistens diesen Versuchen der Mangel an, daß sie die Prüfung der Konsistenz ganz vernachlässigen, als ob es mit dem erhöhten Wasserzusatz allein genügen würde. Strukturuntersuchungen fehlen ganz.

So ergab sich die im folgenden behandelte Aufgabe, einmal durch Konsistenzprüfungen die einwandfreie Beschaffenheit des Betons nachzuweisen. Darüber hinaus waren die Faktoren zu studieren, welche die Konsistenzbildung überhaupt beeinflussen. Die Bestimmung der Elastizität, Festigkeit, der Wasserdichtigkeit und der Schwindmaße sollten die Möglichkeit zu vergleichenden Studien der einzelnen Eigenschaften von Gußbeton bieten. Als Ergänzung sollten Strukturuntersuchungen wenn möglich zur Klärung der Frage mit herangezogen werden.

Aus diesen Erwägungen heraus ergab sich das Versuchsprogramm das der Verfasser wie folgt seiner Arbeit zugrunde gelegt hat:

A. Voruntersuchungen.

 I. Die Prüfung der verwendeten Materialien.
 II. Die Herstellung der Probekörper.
III. Konsistenzprüfungen mit Rinne und Fließtisch.

B. Hauptuntersuchungen.

 I. Die Prüfung der Festigkeit und Elastizität.
 II. Schwindmessungen.
III. Wasserdichtigkeits- und Strukturuntersuchungen.
 IV. Untersuchungen über den Einfluß des Transportes auf Gußbeton.
 V. Schlußfolgerungen.

A. Voruntersuchungen.

I. Die Prüfung der verwendeten Materialien.

a) Zement.

Der für die Untersuchungen vorliegende Heidelberger Portlandzement hat sich als einwandfrei erwiesen. Die Prüfungsergebnisse sind
in Tabelle 2 und 3 zusammengestellt.

Tabelle 2. Eigenschaften des Zementes.

Spezifisches Gewicht	3,01 g/cm³	Mittelwerte aus 3 Versuchen
ausgeglüht	2,92 g/cm³	
Glühverlust	3%	
Mahlfeinheit:		
Rückstand auf 900 Maschensieb	0,75%	dgl.
5000 „	13%	dgl.
Raumgewicht eingelaufen	1,097 kg	dgl.
eingerüttelt	1,577 kg	dgl.
Wasseranspruch	28%	dgl.
Erhärtungsanfang	2,5 Stunden	Raumtemperatur 19,5°
Abbindezeit	5,5 „	Raumfeuchtigkeit 60%
Raumbeständigkeit nach den Normen	bestanden	

Tabelle 3. Festigkeitsprüfung des Zementes.

Druckfestigkeit in kg/cm² nach				Zugfestigkeit in kg/cm² nach			
7 Tagen	a	28 Tagen	b	7 Tagen	c	28 Tagen	d
238	97	370	98	21,8	97	41	94
241	98	375	99	22,0	98	43	99
244	99	381	100	22,2	99	43,5	100
254	103	381	100	23,2	103	44	100
257	104	395	104	23,5	104	47,0	107

Mittelwerte

247		380		22,5		43,7	

Spalte a, b, c, d Verhältnis zum Mittel.

Raumtemperatur 20°, Raumfeuchtigkeit 56%, Wasserzusatz 8,95% .

b) Kiessand.

Die granulometrische Zusammensetzung der Zuschlagsmaterialien ist beim Gußbeton von solcher Wichtigkeit, daß selbst die Praxis sich hier laboratoriumsmäßiger Prüfungsmethoden bedient hat, um die jeweils günstigste Abstufung zu erlangen. Es sei in diesem Zusammenhang auf die diesbezüglichen Vorarbeiten beim Bau der jüngst vollendeten Gußbetonbauwerke hingewiesen, der Schleuse Geestemünde und der Staumauern Barberine und Camarasa. Der Einfluß der Korngröße und -abstufung auf Festigkeit und Dichte ist hier von größter Bedeutung. In der Hauptsache haben sich amerikanische Ingenieure mit der Untersuchung dieser Verhältnisse befaßt, und wenn es sich dabei auch stets um Stampfbeton oder plastischen Beton handelt, so ist das Problem beim Gußbeton doch das gleiche. Drei Hauptarbeiten auf diesem Gebiete mögen nachfolgend kurz gekennzeichnet werden, es sind dies die Versuche von Fuller, Young und Abrams[1]). Fuller[2]) glaubt, daß das Maximum an Festigkeit und Dichtigkeit zusammenfällt und durch entsprechende Kornzusammensetzungen (Fuller-Kurve) mit Berücksichtigung des Zementgehaltes unmittelbar erreicht werden kann.

Young[3]) weist auf den Zusammenhang hin, der zwischen Druckfestigkeit und Zementgehalt besteht, wenn letzterer auf die Summe der Oberflächen der Zuschläge pro Gewichtseinheit bezogen wird. Er kommt zu dem Schluß, daß die Kornzusammensetzung nur insofern Einfluß auf die Festigkeit ausübt, als durch ihre Variation Oberflächenveränderungen eintreten. Wie Young glaubt auch Abrams[4]), daß die Einwirkung der Zuschlagstoffe auf die Festigkeit nur eine mittelbare ist. Sie wird nach Abrams lediglich durch Beeinflussung des Wasserzementfaktors bedingt. Es scheint jedoch, daß beim Verfestigungsvorgang beide Faktoren eine Rolle spielen, jedenfalls ergibt sich auf Grund der Erörterungen für die vorliegende Arbeit die Notwendigkeit, der Kiessandzusammensetzung erhöhte Bedeutung beizumessen.

Es wurde Rheinkiessand verarbeitet. Das Material wies 0,15% Verunreinigungen durch Lehm auf, war im übrigen einwandfrei und hatte vorwiegend runde Kornformen. Kalk- und Quarzkörner überwogen, daneben waren in größeren Mengen Feldspat und Kalkspatkörner vorhanden. Der Kiessand wurde für sämtliche Versuche getrocknet und durch Sieben in die Kornstufen 0—0,5, 0,5—0,8, 0,8—3, 3—8 und 8—25 mm getrennt. Kiesel über 25 mm Durchmesser wurden abgesiebt. Die Feuchtigkeitsaufnahme durch Lagerung bis zum Verbrauch war gering und betrug beim Sand im Mittel 0,17%, beim Kies 0,10%.

---

[1]) Vgl. auch Kortlang: Dissertation: Karlsruhe 1921.
[2]) A treatise on concrete plain and reinforced. 1907.
[3]) Mixing concrete by surface areas on actual work. Engg. News Rec. Bd. 84. 1920.
[4]) Design of Concrete Mixtures. Bulletin Bd. 1. 1922.

Diese geringfügigen Beträge können im Rahmen der Untersuchungen vernachlässigt werden. Es konnte sich nun im vorliegenden Falle nicht allein darum handeln, aus dem vorhandenen Kiessandgemisch die günstigste Kornzusammensetzung zu erhalten, sondern es wurden auch darüber hinaus andere Graduierungen untersucht, um dem Versuchsbereich möglichst weite Grenzen zu geben.

Abb. 1a gibt eine Zusammenstellung der gewählten Zusammensetzungen. Dabei wurde von der Kurve 1, als gröbstmögliche Mischung, ausgegangen und aus einer Reihe von Voruntersuchungen die Kurven 2 (Fuller), 3, 4, 5 und 6 ausgewählt, die den Bereich des Gebietes oberhalb 1 genügend decken. Nimmt man die Trennung zwischen Sand und Kies bei 7 mm Korndurchmesser vor, so schwankt der Sand-

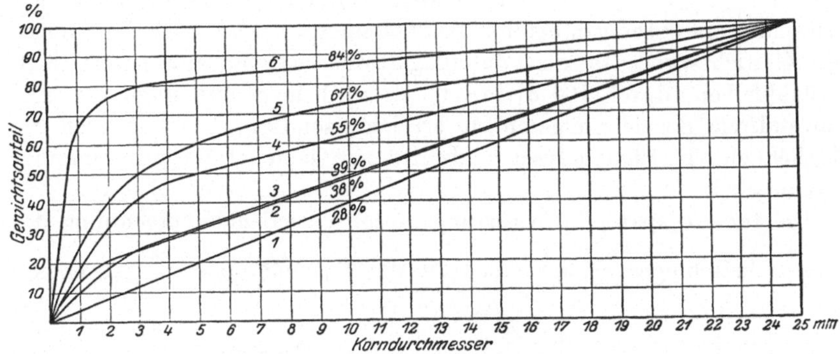

Abb. 1a. Kornzusammensetzung des Kiessandzuschlages.

gehalt in Gewichtsprozenten des Kiessandzuschlages ausgedrückt innerhalb der Kurven 1—6 zwischen 28 und 84%. In Tabelle 4 sind für sämtliche Kornzusammensetzungen die eingelaufenen und eingerüttel-

Tabelle 4. Eigenschaften des Kiessandes.

Kiessand-zusammen-setzung	Raumgewicht		Dichtigkeits-grad	Undichtigkeits-grad	Bemerkungen
	eingefüllt	eingerüttelt			
angeliefert	1,830	1,950	0,75	0,25	
Kurve 1	1,720	1,900	0,73	0,27	
,, 2	1,871	1,990	0,77	0,23	Mittel
,, 3	1,879	1,991	0,77	0,23	aus 5 Ver-
,, 4	1,880	1,970	0,76	0,24	suchen
,, 5	1,870	1,952	0,75	0,25	
,, 6	1,699	1,930	0,74	0,26	

Spezifisches Gewicht 2,59 g/cm.

ten Raumgewichte, die Dichtigkeits- und Undichtigkeitsgrade eingetragen. Der Undichtigkeitsgrad ist bei den extremen Zusammensetzungen 1 und 6 mit 28 und 84% Sandgehalt am größten, während die

Mischungen 2 und 3 mit rund 39% die kleinsten und daher die günstigsten Werte liefern.

Im allgemeinen begnügt man sich mit der ganz willkürlichen Trennung zwischen Sand und Kies. Beim Sand macht man wohl noch Unterschiede zwischen sehr grob, grob, fein und sehr fein, wobei diese Abstufungen durch keine nähere Präzisierung bedingt und daher durchaus subjektiv sind.

Die neuen Untersuchungen von Abrams[1]) haben diesen Mangel durch Schaffung des Begriffes „Feinheitsmodul" beseitigt. Kies und Sand werden als Ballast bezeichnet. Der Ballast wird durch Tyler-Normalsiebe gesiebt, und man erhält dabei den Feinheitsmodul, wenn man die Summe der Gewichtsprozente der Zuschlagsstoffe, welche auf jedem Sieb zurückbleiben, durch 100 dividiert. Es wird hierdurch nicht nur eine einwandfreie Bezeichnungsschärfe erreicht, sondern man hat auch die Möglichkeit, die Siebanalysen verschiedener Gemengteile untereinander auszuwerten.

Die für die spätere Auswertung nötige Oberflächenberechnung des Kiessandzuschlages erfolgt mit Hilfe der Formel[2]) $0 = \dfrac{\lambda}{s \cdot d}$ in m²/kg.

Tabelle 5.

Oberfläche in mm	Oberfläche in m²/kg
0 — 0,5	∞ — 6
0,5 — 0,8	6 — 4
0,8 — 3	4 — 1
3 — 8	1 — 0,4
8 — 25	0,4 — 0,1

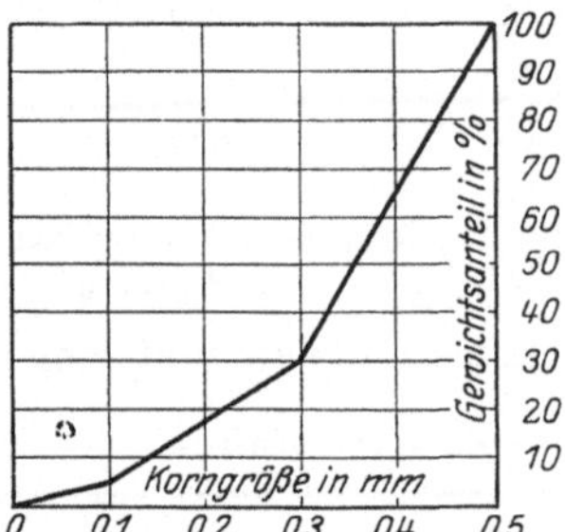

Abb. 2. Kornzusammensetzung des Kiessandzuschlages unter 0,5 mm Korndurchmesser.

Tabelle 6.

Kornstufe in mm	Oberfläche in m²/kg im Mittel
< 0,1	62
0,1 — 0,2	23
0,2 — 0,3	12
0,3 — 0,5	8
0,5 — 0,8	5
0,8 — 3	2
3 — 8	0,7
8 — 25	0,2

Dabei ist:

λ ein Faktor, der sowohl Form und Rauhigkeit des Zuschlages berücksichtigt und im vorliegenden Falle mit 8 einzusetzen ist,

s das spezifische Gewicht des Materials in g/cm³,

d der Korndurchmesser in mm.

---

[1]) Vgl. Anm. 4, S. 8.

[2]) Nach Lydtin: Die Ableitung der Formel wird demnächst veröffentlicht werden.

In Tabelle 5 sind die Oberflächenschwankungen innerhalb der gewählten Kornabstufungen eingetragen. Dabei sind die Größenunterschiede bei den gröberen Körnern so gering, daß sie die dort gewählte weite Zusammenfassung vollständig rechtfertigen. Die Kornstufe 0 bis 0,5 mm erfordert jedoch für die Oberflächenberechnung eine weitere Unterteilung. Sie erfolgt in den Stufen 0,5—0,3, 0,3—0,2, 0,2—0,1 und < 0,1 mm, wobei sich jeweils ein prozentualer Anteil von im Mittel 70, 11,6, 14 und 4,4% ergab. In 4,4% ist der Flugstaubverlust eingerechnet. Abb. 2 zeigt die graphische Auftragung dieser Werte.

Einen Überblick über die mutmaßliche Größe der Oberfläche bei den gewählten Kornabstufungen gibt Tabelle 6.

II. Die Herstellung der Probekörper.

Zur Durchführung der Untersuchungen wurden die nachstehenden Probekörper hergestellt.

Für die Prüfung der Druckfestigkeit: 20- und 30-cm-Würfel in Eisenformen.

Für die Prüfung der Biegungszugfestigkeit: Balken 10 × 17 × 75 cm in gut durchgeölten Holzprismen.

Für die Elastizitäts- und Schwindmessung: Prismen 12 × 12 × 50 cm.

Für die Wasserdichtigkeitsprüfung: Kreisplatten von 40 cm Durchmesser und 12 cm Höhe.

Die Prismenformen und Kreisplattenringe sitzen auf gut geölten alten Holzböden auf, wobei die Aufsatzfugen mit Ton gedichtet wurden. Sämtliche Formen wurden vor jedem Gebrauch genau auf ihre Dichtigkeit untersucht, um Wasserverluste möglichst zu vermeiden.

Neben den obengenannten Würfeln wurden zur weiteren Untersuchung der Druckfestigkeit noch Säulen von 20 × 20 × 180 cm gegossen, später in 20-cm-Würfel zersägt und diese dann geprüft.

Die Angabe der Mischungsverhältnisse erfolgt in Gewichtsteilen. Das erforderliche Wasser wurde der städtischen Leitung entnommen. Seine Durchschnittstemperatur bei der Entnahme betrug 15°. Die Probekörper wurden 24 Stunden nach dem Gießen ausgeschalt und in einem Schuppen gelagert, der mit einem größeren Kellerraum in Verbindung stand. Hier wurden sie gegen Einwirkung von Wind und Sonne geschützt und unter verhältnismäßig konstanten Bedingungen aufbewahrt. (Schwankungen der Raumtemperatur zwischen 16 und 21°, der Raumfeuchtigkeit zwischen 67 und 75%.) Der hohe Feuchtigkeitsgehalt des Raumes ließ in Verbindung mit dem eigenen großen Wassergehalt der Probekörper eine weitere Benetzung derselben überflüssig erscheinen. Geprüft wurde in der Hauptsache nach 28 und 90 Tagen.

Über die Gießeinrichtung gibt Abb. 3 einen Überblick.

Der Vorgang beim Gießen ist im einzelnen folgender[1]). Die Mischung der Betonmaterialien geschieht in einer Sonthofener Mischmaschine 2 Minuten lang trocken und 2 Minuten lang naß. Die Maschine steht in dem in der Abb. 4 angedeuteten, gedeckten Raum und entleert den Beton durch eine kurze Rinne in die Mulde a. Diese läuft mit ihren 3 Paar Rollen *1, 2, 3* in eisernen Führungsschienen, die an den wagerechten und diagonalen Verstrebungen des Turmes befestigt sind.

Abb. 3. Gießturm und Rinne.

Das Rollenpaar *1* ist durch einen Querbügel miteinander und durch Längsbügel mit den Rollen *3* verbunden. In der Mitte des Querriegels ist an einer Öse das Aufzugsseil angebracht. Dieses Seil wird über die Leitwalze geführt, läuft dann über 2 Führungsrollen oben am Turm, über 1 Führungsrolle unten an der Maschine, um sich dann auf einer Trommel unter der Mischmaschine aufzuwickeln.

Beim Einschalten eines entsprechenden Hebels an der Mischmaschine wird die Trommel in Drehung versetzt, das Aufzugsseil wickelt sich auf und zieht die Mulde a hoch. Dabei werden vom Punkte b der Führungsschiene ab die Rollenpaare *1* und *3* infolge der auf sie einwirkenden Zugkraft den geraden Weg nehmen. Das Rollenpaar *2* dagegen wird durch das Muldengewicht auf das ins Wagerechte gehende Schienenstück gedrückt. Die Mulde beginnt zu kippen. Der Querriegel des Rollenpaares *1* spannt bei weiterem Ansteigen das Auslöseseil an und schaltet damit, wenn die Mulde sich in der in der Zeichnung gestrichelten Lage befindet, selbsttätig die Gangtrommel aus. Die Mulde entleert sich und kann durch Lösen der Trommelbremse in ihre Anfangslage zurückgebracht werden.

Der ausgegossene Beton fließt über ein kurzes Blech hinweg in den Trichter c, durchläuft die obere Rinne, fällt in den Rinnenkopf d hinab und fließt durch die mittlere und untere Rinne in die Versuchskörper.

---

[1]) Vgl. Probst: Untersuchungen mit Gußbeton. Bauing. 1923.

Der Trichter c ist kreisförmig und hat einen Durchmesser von 90 cm. Er ruht mit seinem Rinnenansatzstück drehbar auf einem Zapfen auf und ist in vertikaler Richtung verstellbar. Dieselbe Beweglichkeit hat die an ihm befestigte obere Rinne. Nach dem Rinnenkopf d hin wird sie von der Schlaufe des Flaschenzuges e gefaßt, der ein beliebiges Einstellen der Rinne zwischen 20 und 40° ermöglicht und vom Erbboden aus durch die Kette f zu bedienen ist. Der Querschnitt der Rinne ist oval. Die obere Breite beträgt 30 cm, die Rinnentiefe 26 cm, der untere Rinnenradius 12,5 cm, Rinnenblechstärke 2,5 mm. Der Rinnenkopf d ist mit einem Kniestück an die obere Rinne be-

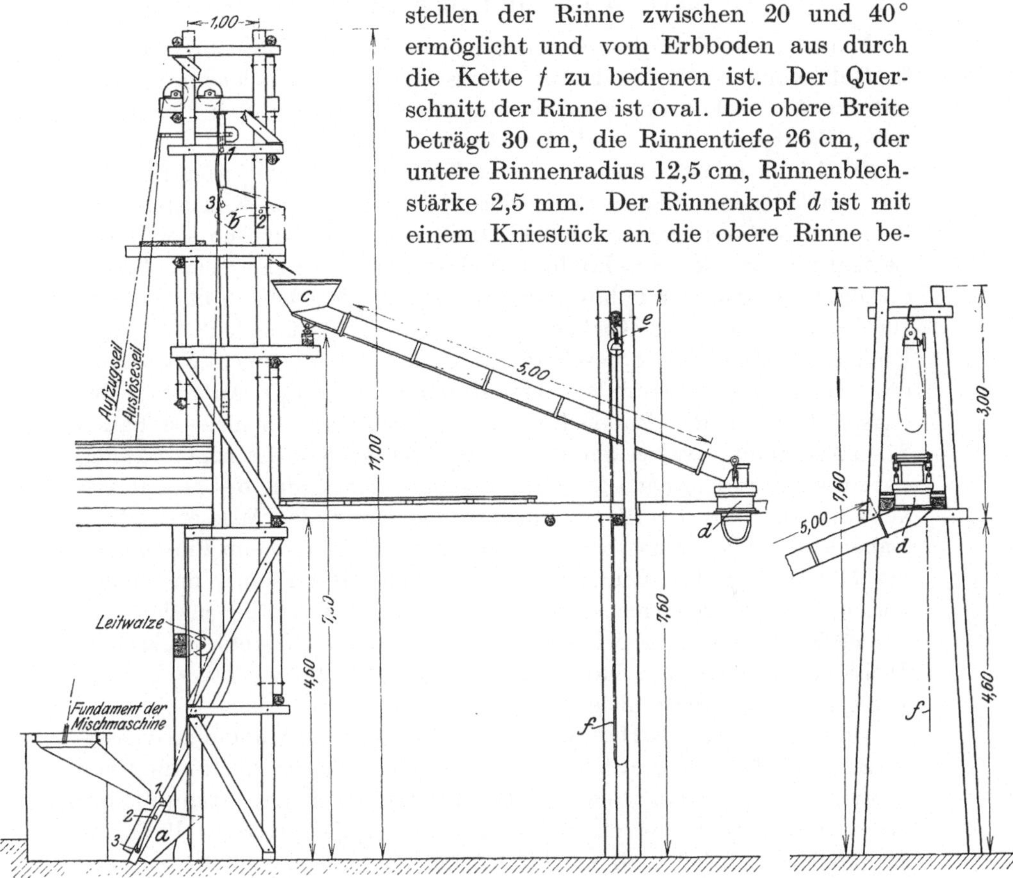

Abb. 4. Erläuterungsskizze zum Gießturm.

festigt. An diesem Kniestück hängt der untere Teil des Kopfes, der vollständig drehbar ist und seinerseits an das mittlere Rinnenstück anschließt. Der Beton fällt in diesem Gelenkpunkt ca. 60 cm senkrecht ab. Die mittlere und untere Rinne sind wie die obere an einem Flaschenzug befestigt, der jedoch an einer Rolle hängt, die über ein Drahtseil läuft. Damit ist eine Beweglichkeit bei beliebiger Neigungseinstellung gewährleistet, die ein ununterbrochenes Vollgießen der im Halbkreis angeordneten Versuchskörper ermöglicht. Die untere

Rinne ist ganz leicht ausgebildet. Sie läßt sich unter die mittlere Rinne schieben, damit das Rinnenausflußende der Höhe des Versuchskörpers jeweils angepaßt werden kann.

III. Konsistenzprüfungen.

Man könnte sich fragen, ob der eben geschilderte Betonierungsvorgang für Gußbetonversuche überhaupt nötig ist. Die Frage ist gleichbedeutend mit der Wichtigkeit der Einschätzung der Konsistenz, d. h. der geeigneten Verarbeitbarkeit des Betons für das Gießverfahren.

In den deutschen Normen für einheitliche Lieferung und Prüfung von Portlandzement ist z. B. bei der Abbindeprobe die Konsistenz des Zementes dadurch gekennzeichnet, daß man dem Gemisch von 100 g Zement und Wasser vorschreibt, auf einer Glasplatte einen etwa 1,5 cm dicken, nach dem Rande hin dünn auslaufenden Kuchen zu bilden. Die zur Herstellung dieses Kuchens erforderliche Dickflüssigkeit des Portlandzementbreies soll so beschaffen sein, daß der mit einem Spatel auf die Glasplatte gebrachte Brei erst durch mehrmaliges Aufstoßen der Glasplatte nach dem Rande hin ausläuft, wozu in den meisten Fällen 27—30% Anmachwasser genügen. Eine weitere Konsistenznormierung haben wir beim Normenmörtel durch genaue Festlegung des Mischungsverhältnisses, des Begriffes „Normensand" und des Wasserzusatzes. Dabei ist der Wasserzusatz dann richtig gewählt, wenn beim Einschlagen des Mörtels zwischen dem 90. und 110. Schlage aus einer der beiden Nuten der Würfelformen Portlandzementbrei auszufließen beginnt. Leider ist beim Beton, wo wir bei den Mischungen stets wechselnde Dichtigkeitsverhältnisse haben, eine derart einfache objektive Bestimmung der Konsistenz nicht möglich.

Betrachtet man als Hauptfaktor der Konsistenzbildung den Wasserzusatz, so geben die amtlichen Bestimmungen für die Ausführung von Bauwerken aus Beton folgende Definitionen: Für den Stampfbeton: erdfeuchte Betonmasse, die beim Formen eines Handballens die innere Handfläche sichtlich naß macht; sie enthält nur so viel Wasser, daß erst bei beendigtem Stampfen an der Oberfläche Wasser austritt; für den plastischen Beton: weiche Betonmasse, die so viel Wasser enthält, daß die Ränder der durch einen Stampfstoß hervorgerufenen Vertiefung eine kurze Zeit stehen und nur langsam verlaufen; für den Gußbeton: flüssige Betonmasse, die so viel Wasser enthält, daß sie fließt. Stampfen ist unmöglich. Es sei hier der Kuriosität halber auch noch eine Bauregel für die Gußbetonkonsistenz genannt, die zwar sehr einfach, aber auch vollständig zu verwerfen ist. „Der Gußbeton ist gut, wenn der Arbeiter bis zu den Hacken oder der halben Wade einsinkt."

Nachfolgend sollen einige vergleichende Betrachtungen über den Wert der Konsistenz bei Stampfbeton, plastischem Beton und Gußbeton ausgeführt werden. Hierbei wird die Konsistenz im Zusammenhang mit der Festigkeit betrachtet, die ebenso wie sie in der Hauptsache durch den Wasserzusatz beeinflußt wird.

In Abb. 5 ist der Verlauf der Festigkeitskurve innerhalb der vorgenannten Gebiete ganz schematisch dargestellt. Gebiet $a—b$ Stampfbeton; $b—c$ plastischer Beton; von c ab Gußbeton. Bei a hat der Stampfbeton gerade so viel Wasser, wie zum Abbinden des Zementes erforderlich ist. Die Festigkeit steigt von da ab, erreicht ein Optimum und nimmt zum Gebiet des plastischen Betons hin langsam ab. Die Grenze zwischen Stampf- und plastischem Beton ist b; zwischen plastischem und Gußbeton c. Im Gebiet $b—c$ ist ein allmählicher, von c ab ein starker Festigkeitsabfall zu verzeichnen. Bezeichnet man als „einwandfreie Konsistenz" diejenige, welche infolge ihres Wassergehaltes eine Festigkeit im Gebiet des jeweiligen Maximums gewährleistet, so ist vom Stampfbeton zu sagen, daß entsprechend dem Kurvenverlauf bei ihm diese Konsistenz in verhältnismäßig weiten Grenzen schwanken kann. Beim plastischen Beton findet

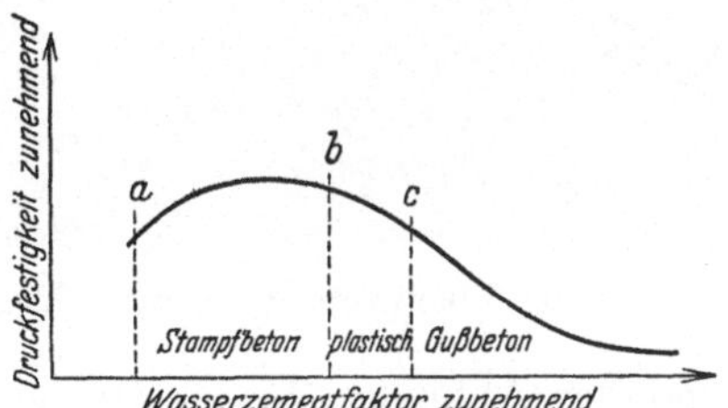

Abb. 5. Schematisch dargestellter Verlauf der Festigkeit.

ein stetiger Festigkeitsabfall von b nach c statt; die geringe Differenz dieser beiden Punkte einerseits und ihre im ganzen noch ziemlich hohe Lage (ausreichende Festigkeit) andererseits lassen aber auch hier noch größere Schwankungen innerhalb der vorgenannten Konsistent zu. Der starke Festigkeitsabfall von c an, zu dem sich, wie die nachfolgenden Untersuchungen noch zeigen werden, auch Verminderungen der Dichte gesellen, beschränken beim Gußbeton im Gegensatz zu den beiden vorhergehenden Fällen die einwandfreie Konsistenz auf ein ganz kleines Gebiet um c. Damit gewinnt die Konsistenzbestimmung für den gegossenen Beton erhöhte Bedeutung.

Die oben erwähnten Konsistenzdefinitionen der amtlichen Bestimmungen mögen für den praktischen Gebrauch als ausreichend gelten, für Laboratoriumsuntersuchungen sind sie jedoch unzulänglich, weil sie keine einwandfreie Vergleichsbasis schaffen.

In Amerika[1]) verwendet man als Prüfungsmaßstab der Konsistenz die Haufenprobe (slump), wobei Beton in eine beiderseitig offene Blechform (abgestumpfter Kegel) gefüllt wird und beim Abheben der Form durch Größe des Einsackens den Maßstab für die Plastizität der Mi-

---

[1]) Vgl. Abrams: Bulletin Bd. 1 und 9.

schung gibt. Man kennzeichnet durch den Begriff „Relative Konsistenz" gleich die Auswirkung auf die Festigkeit, deren Maximum eine relative Konsistenz 1 zugeordnet ist. Eine andere Art der Konsistenzprüfung gibt der Fließtisch (flow). Der Verfasser hat nach amerikanischem Vorbild einen solchen Fließtisch gebaut und in Anlehnung an die amerikanischen Vorschriften damit Konsistenzprüfungen vorgenommen. Sie bilden im Rahmen der Arbeit eine willkommene Kontrolle der durch die Rinne erhaltenen Resultate und ermöglichen gleichzeitig eben durch diesen Vergleich einigermaßen eine Beurteilung der Prüfunsgmethode. Es muß weiteren Untersuchungen überlassen bleiben, durch Einbeziehung anderer Konsistenzgebiete die allgemeine Brauchbarkeit der Methode nachzuweisen, die Williams[1]) auch für die Prüfung der Zementkonsistenz

Abb. 6. Fließtisch (Vorderansicht).

und der Abbindezeit von Mörtel oder Beton verwendet.

Nachfolgend wird eine Beschreibung des Fließtisches und der Prüfungsart gegeben. (Vgl. Abb. 6 und 7.)

Der auf der Welle a festgekeilte Kamm b bewirkt bei Drehung der Welle eine Auf- und Abbewegung der Tischplatte c. Der auf die Mitte der Tischplatte gesetzte Blechzylinder d wird mit Beton bis zum oberen Rand gefüllt und dann emporgehoben. Wie bei der Haufenprobe sackt die ihrer Form beraubte Betonprobe zusammen und läuft durch Auf- und Abbewegen des Tisches auseinander (s. auch Abb. 12).

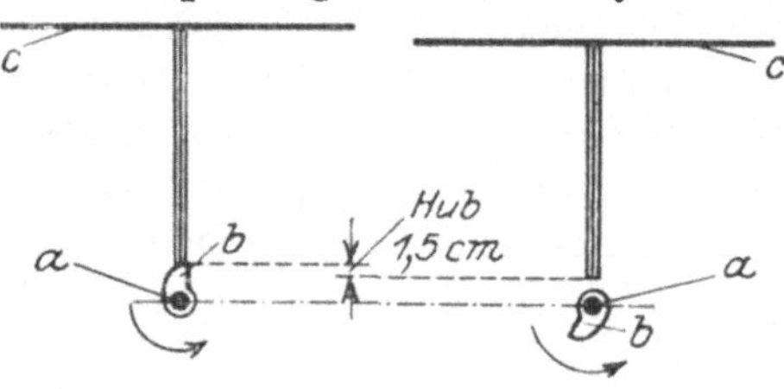

Abb. 7. Fließtisch (Querschnitt).

Der Durchmesser des Betonkuchens, nach der Prüfung in Prozenten des unteren Durchmessers des Blechzylinders d ausgedrückt, gilt als Maß der Fließbarkeit (flow or flowability) = Konsistenzzahl. Auf die Tischplatte c eingezeichnete zentrische Maßkreise erleichtern die Ablesung. Abhängig ist diese Probe von der Hubhöhe des Tisches (1,5 cm), von der Anzahl der Wellenumdrehungen (15 pro 10 Sekunden) und von der Form des Blechzylinders (Höhe 5 cm, Durchmesser 15 und

---

[1]) Concrete consistency measured by the Flow-Table. Engg. News Rec. 1920.

10 cm — mit Rücksicht auf die jeweilige maximale Korngröße zu wählen). Die eingeklammerten Zahlen beziehen sich auf die vorliegend gewählten Abmessungen.

Die Gießbewegung in der Rinne ist folgende: Die gröberen Zuschlagsstoffe sind in einem breiigen Mörtelbett gelagert und gleiten normalerweise in diesem ohne größere Eigenbewegung durch die Rinne. Stärkere Eigenbewegungen treten nur zu Beginn des Gießvorganges auf, weil zur Bildung eines Mörtelüberzuges an den Rinnenwandungen der Anfangsmischung stark Mörtel entzogen wird. Abb. 8 zeigt so 2 Würfel ein und derselben Anfangsmischung.

Abb. 8. Mörtelentziehung bei der Anfangsmischung.

Konsistenz: Gußbeton, Mischungsverhältnis 1:10; Rinnenneigung 25°; Kornzusammensetzung nach 3 (s. Abb. 1a); Reihenfolge des Gießvorganges Form 1, dann 2. Der Unterschied in der Mörtelmenge tritt deutlich zutage. Bei Besprechung der Druckversuche wird dieser Punkt noch weiter zu erörtern sein. Abgesehen von dem soeben genannten Fall lassen sonst stärkere Eigenbewegungen der Zuschlagstoffe meist auf Fehler in der Kornzusammensetzung schließen.

Hat eine Mischung so wenig feines Material, daß im Verein mit Zement und Wasser kein normales Mörtelbett gebildet werden kann, so beginnen die gröberen Zuschlagstoffe zu rollen. Sie eilen teilweise dem zu dürftigen Mörtelbett voraus, sortieren sich entsprechend ihrer Schwere und beschreiben im Fallen andere Parabeln als die nachfließenden feineren Teile. Die Mischung ist entmischt. Abb. 9 zeigt eine solche Entmischung infolge falscher Kornzusammensetzung (nach

Kurve 1). Der Pfeil gibt die Richtung des Gießens an. Die Sortierung des Materials nach der Schwere ist gut zu erkennen.

Daneben zum Vergleich auf Abb. 10 eine normale Gußbetonmischung (Kornzusammensetzung 5 — sandreich). Beide Mischungen 1:6 unter 25° gegossen.

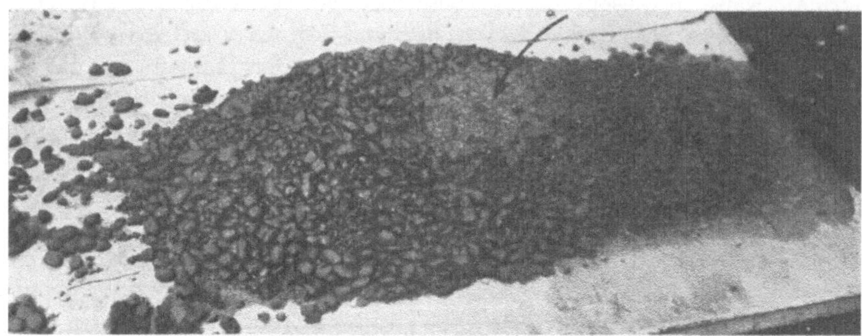

Abb. 9. Entmischung infolge zu grober Kornzusammensetzung.

Auch der Fließtisch gibt durch die Form des Kuchens einen Bewertungsmaßstab für die Kornzusammensetzung.

Abb. 11 zeigt entsprechend Abb. 9 Entmischungserscheinungen, die hier durch unsymmetrische Kuchenform und teilweises Herausspringen grober Kiesel aus dem Kuchenzusammenhang in die Erscheinung treten.

Abb. 10. Gußbetonmischung mit einwandfreier Kornzusammensetzung.

Daneben wieder zum Vergleich Abb. 12 (wie Abb. 10) der normale Kuchen mit seiner symmetrischen Form in richtiger Konsistenz.

Setzt man dem Gußbeton unnötig viel Wasser zu, so verwässert das für die Konsistenzbildung nicht benötigte Wasser das Mörtelbett. Die Gießbewegung wird schneller, und die Zuschlagstoffe beginnen in der Rinne je nach dem Grade der Verwässerung wieder früher oder später zu rollen. Beim Fließtisch sondert sich in gleichem Falle das überschüssige Wasser aus dem Betongemenge ab und verläuft außerhalb des Kuchens, ohne weiteren Einfluß auf dessen Gestaltung zu haben.

Tabelle 7 gibt einen Überblick über den Versuchsbereich bei normalem Gießvorgang. Es wurden 3 verschiedene Kornzusammensetzungen 3, 5 und 6 verwendet. In Spalte 1 sind die Mischungsverhältnisse eingetragen, in Spalte 2 die erforderlichen Wasserzusätze. Spalte 3 enthält die Ergebnisse der Vergleichsprüfungen mit dem Fließtisch.

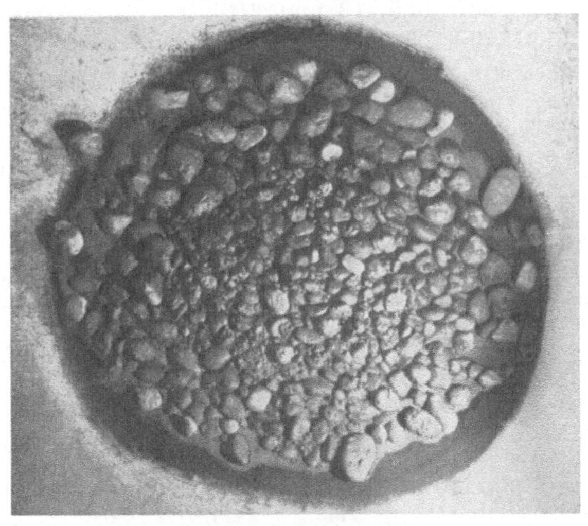

Abb. 11. Entmischung infolge zu grober Kornzusammensetzung.

Vergleicht man die Ergebnisse miteinander, so ist zu sagen, daß die Steigerungen im Sandzusatz (39—67—84%) Erhöhungen des Wasserzusatzes und der Konsistenzzahl bewirken. Der für die Gießfähigkeit unbedingt erforderliche Mindestprozentsatz an Sand ist durch die Fuller - Kurve oder durch Kurven in ihrem engeren Bereich gegeben, hier Zusammensetzung 3 mit der tiefstmöglichen Konsistenzzahl von im Mittel 173. Zusammensetzungen mit geringerem Sandgehalt zeigen je nach dem Grade dieser Verminderung mehr oder weniger

Abb. 12. Gußbetonmischung mit einwandfreier Kornzusammensetzung.

Entmischungserscheinungen. Bei konstanter Kornzusammensetzung ist die Beeinflussung der Konsistenz durch Variation der Mischungsverhältnisse gering. So kann man im Gebiet der gebräuchlichen Mischungen 1 : 4 bis 1 : 10 den Kornzusammensetzungen 3, 5 und 6 mittlere Wasserzusätze von 10,5, 13 und 21% und Konsistenzzahlen von im Mittel 173, 212 und 239 zuordnen. Eine Erklärung hierfür mag in den geringen Schwankungen zu suchen sein, welchen die hier maßgebenden Faktoren tatsächlich unterworfen sind. Berechnet man sich nämlich

Tabelle 7. Konsistenzprüfungen.

1	2	3	4	5	6	7
Mischungs-verhält-nis	Wasser-zusatz %	Konsistenz-zahl	Oberfläche pro 100 kg Mischgut	Be-netzungs-grad	Wasser / (Zement + Sand)	Korn-zusammen-setzung
1 : 1	21[1])	206	71	0,296	0,302	
1 : 3	14	204	106,5	0,131	0,258	
1 : 4	11	175	113,5	0,097	0,215	
1 : 5	11	174	118,2	0,093	0,224	
1 : 6	10	170	121,8	0,083	0,210	
1 : 7	10	173	124,2	0,0805	0,215	nach Kurve 3
1 : 8	10	173	126	0,0795	0,218	
1 : 9	11	174	127,8	0,086	0,244	
1 : 10	11	172	129	0,085	0,248	
1 : 12	11	184	131	0,084	0,252	
1 : 20	11	180	135	0,0815	0,262	
1 : 1	22	221	152,4	0,144	0,264	
1 : 3	15	220	228	0,066	0,200	
1 : 4	13	220	244	0,534	0,177	
1 : 6	13	220	261,5	0,05	0,181	nach Kurve 5
1 : 8	13	215	271	0,048	0,184	
1 : 10	13	193	277	0,047	0,186	
1 : 12	13	180	281	0,0465	0,187	
1 : 1	24	253	335	0,075	0,261	
1 : 3	21	241	502	0,042	0,239	
1 : 6	21	238	574	0,0366	0,244	nach Kurve 6
1 : 8	21	238	595	0,0346	0,245	
1 : 10	21	241	608	0,034	0,246	
1 : 12	21	239	618	0,075	0,247	

den Benetzungsgrad, d. h. das Verhältnis von Wasser zur Oberfläche von Sand und Kies, so zeigt Spalte 5, Tabelle 7, wie gering die Zahlenvariation innerhalb der obengenannten Grenzen ist. Der Kies hat auf den Benetzungsgrad ganz wenig Einfluß, und er wird auch bei der Konsistenzbildung eine nebensächliche Rolle spielen. Auch die Verhältniszahlen von Wasser zur Mörtelmenge (Gewicht von Zement und Sand) zeigen im vorgenannten Bereich nur kleine Unterschiede (vgl. Spalte 6).

---

[1]) Zum Gießen erforderlicher Wasserzusatz.

Änderungen der Rinnenneigung innerhalb 25—30° haben keinen wesentlichen Einfluß auf die Gießbewegung. Unter 25° erfordert die Fließbarkeit mit zunehmender Verflachung erhöhten Wasserzusatz; oberhalb 30° treten mit zunehmender Neigung Trennungen von Mörtel und gröberen Zuschlagstoffen ein.

Einige Vergleichswerte dürften hier noch von Interesse sein. Der vorliegende Zement fließt bei 36% Wasserzusatz (Konsistenzzahl 230), Wasser und Zement bilden eine zähflüssige Masse. Der vorliegende Sand fließt bei rund 30% Wasserzusatz (Konsistenzzahl 190), wobei das Wasser stets das Bestreben hat, sich abzusondern. Die für Gußbeton mit einer Kiessandzusammensetzung nach Kurve 3 erforderliche Konsistenzzahl 173 ergibt bei Betongemengen nach Kurve 5 zusammengesetzt einen nur plastischen Beton mit rund 10,5% Wasserzusatz. Das Entsprechende gilt für Zusammensetzungen nach Kurve 6 mit einer Konsistenzzahl von Kurve 5 (212). Die Gußbetonmischungen 1:6 nach 3 und 5 zusammengesetzt ergeben Konsistenzzahlen von 170 und 220; ihre entsprechenden plastischen Vergleichsmischungen haben 146 und 186.

Zusatz von Traß scheint nach einigen vergleichenden Untersuchungen an Mischungen 1:10 und 1:0,5 (Traß):10 die Gießbarkeit günstig zu beeinflussen, doch sind hier weitere Versuche zur Klärung notwendig, die sich eventuell auch mit dem Einfluß verschiedener Zementarten, Sandarten und Schottermaterialien zu befassen hätten.

B. Hauptuntersuchungen.

I. Festigkeit und Elastizität von Gußbeton unter verschiedenen Einflüssen.

Einen Überblick über den Bereich der Untersuchungen gibt die Zusammenstellung Tabelle 8.

Die Serien, an denen neben Druckfestigkeitsprüfungen auch Elastizitäts- und Biegungszugfestigkeitsmessungen vorgenommen wurden, sind mit einem Stern respektiv mit einem Kreis gekennzeichnet. Die in den nachfolgenden Darstellungen enthaltenen Ergebnisse sind Mittelwerte aus je 3 Versuchen.

Es sei hier nochmals erwähnt, daß die Angabe des Mischungsverhältnisses stets in Gewichtsteilen, die des Wasserzusatzes in Gewichtsprozenten des trockenen Materials und die Angabe des Sandgehaltes bei den verschiedenen Kornzusammensetzungen in Prozenten des Kiessandzuschlages erfolgt.

                    Hauptuntersuchungen.

Tabelle 8.

Serie	Mischungs-verhältnis	Kornzusammensetzung		Wasserzusatz %	Bemerkungen
		Kurve	Sandgehalt %		
1		3	39	11	
2		3	39	12,5	
3		3	39	14	
4	1 : 4	5	67	13	
5		5	67	13,25	
6		5	67	15,8	
7		1	28	10	
8		2	38	10	nach Fuller
9 * °		3	39	10	
10		3	39	11	
11		3	39	12	
12 * °		3	39	9	plastischer Beton
13		4	55	11	
14	1 : 6	4	55	12	
15		4	55	9	plastischer Beton
16 * °		5	67	12	plastischer Beton
17 * °		5	67	13	
18		5	67	13,2	
19		5	67	17,5	
19a *		5	67	15	
20		6	84	19	
21		3	39	10	
22	1 : 8	3	39	11	
23		5	67	13	
24		5	67	13,5	
25 * °		3	39	11	
26 * °	1 : 10	5	67	13	
27		5	67	15	
28 °	1:0,5:10	3	39	11	0,5 Traß
29 °		5	67	13	0,5 Traß

a) Die Ergebnisse der Druckfestigkeitsuntersuchungen.

Ältere Untersuchungen an Stampfbeton und plastischem Beton hatten übereinstimmend eine starke Abhängigkeit der Festigkeit vom Wasserzusatz ergeben. Dieser Einfluß des Wassers mußte bei Gußbeton besonders interessieren, und es wurden hierüber erstmalig vom Materialprüfungsamt Lichterfelde[1]) größere Versuche angestellt. 20- und 30-cm-Würfel wurden plastisch und flüssig mit verschiedenen Kiessanden und Zuschlägen hergestellt und geprüft. Dabei ergab sich, daß der Einfluß des Wasserzusatzes stark vom verwendeten Zuschlagsmaterial abhängt, und daß die Druckfestigkeit mit zunehmendem Wasserzusatz abnimmt.

Versuche, welche die Firma Dyckerhoff und Widmann im Auftrage des deutschen Beton-Vereins ausführte[2]), zeigten weiterhin, daß

[1]) Deutscher Ausschuß für Eisenbeton Heft 29.
[2]) Deutscher Ausschuß für Eisenbeton Heft 51.

Vergrößerungen des Steingehaltes Erhöhungen der Festigkeit bedingen. Im Vergleich zum Stampfbeton stiegen die Festigkeitskurven des weichen und flüssigen Betons innerhalb des Versuchsbereiches von 1 Jahr stärker an. Daraus wurde gefolgert, daß flüssiger und weicher Beton mit der Zeit die Festigkeit des Stampfbetons erreicht.

Die schon früher erwähnte Arbeit von Abrams[1]) liefert in bezug auf die Festigkeit folgende Ergebnisse:

Die Festigkeit eines Betons hängt von der Menge des Anmachwassers ab, ausgedrückt als Wasserzementfaktor $\left(\dfrac{\text{Wasser}}{\text{Zement}}\right)$. Änderungen der Zementmenge verursachen Änderungen des Wasserzementfaktors. Fette Mischungen geben eine gewollte Konsistenz mit einem niedrigeren Wasserzusatz und haben infolgedessen höhere Festigkeiten. Korngröße und Zusammensetzung der Zuschlagstoffe beeinflussen die Betonfestigkeit nur durch ihre Einwirkung auf die Menge des Anmachwassers.

Bevor die eigenen Ergebnisse der Festigkeitsprüfung besprochen werden, sei hier noch einmal kurz auf die Herstellung der Probekörper zurückgekommen. Es wurde auf Seite 17 darauf hingewiesen, daß der Anfangsmischung zur Bildung eines Mörtelüberzuges in der Rinne Mörtel entzogen wird. Hier interessiert nun die Frage, wann die Bildung dieses Mörtelbettes als abgeschlossen gelten kann. Erst von diesem Zeitpunkt an darf man mit der Entnahme von Beton für die Probekörper beginnen, falls auf eine einwandfreie Vergleichsbasis Wert gelegt wird.

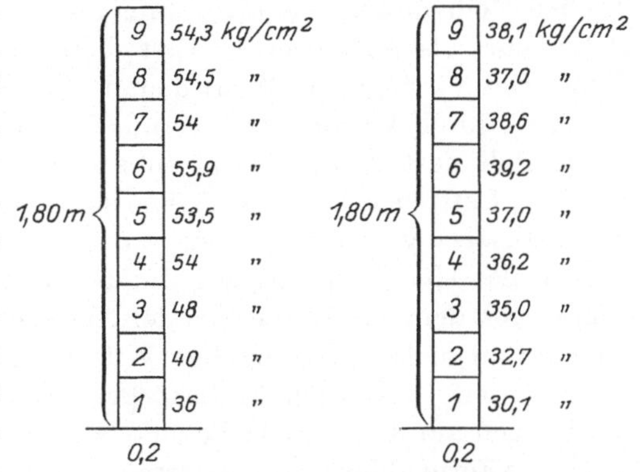

Zur näheren Untersuchung wurden Säulen von den Abmessungen 20 × 20 × 180 cm gegossen. Mischungsverhältnis 1 : 10, Kornzusammensetzung nach 3 und 5, also jeweils eine sandarme und eine sandreiche Mischung (vgl. S. 22, Serie 25 und 26). Nach 28 Tagen wurden die Säulen in neun 20-cm-Würfel zersägt und diese auf Druckfestigkeit geprüft. Dabei ergab sich bis zum Würfel Nr. 4, s. Abb. 13, eine Druckfestigkeitszunahme und von dort ab ungefähre Konstanz.

1,80 m	Nr.	Serie 25		1,80 m	Nr.	Serie 26
	9	54,3 kg/cm²			9	38,1 kg/cm²
	8	54,5 "			8	37,0 "
	7	54 "			7	38,6 "
	6	55,9 "			6	39,2 "
	5	53,5 "			5	37,0 "
	4	54 "			4	36,2 "
	3	48 "			3	35,0 "
	2	40 "			2	32,7 "
	1	36 "			1	30,1 "
		0,2				0,2

Abb. 13.　Prüfung zu Würfeln zersägter Säulen auf Druckfestigkeit.

Beton nach Serie 25 (sandarm).　　Beton nach Serie 26 (sandreich).

---

[1]) Vgl. Fußnote S. 15.

Die äußeren Sichtflächen zeigten bei der groben Mischung 3 vom 3. Würfel ab keine Unterschiede mehr, während bei der feineren Mischung 5 lediglich die Würfel 1 und 2 im Vergleich zu den übrigen Würfeln eine etwas gröbere Struktur aufwiesen.

Die stetige Druckfestigkeitsabnahme vom Würfel Nr. 4 bis zu Würfel Nr. 1 zeigt, wie stark den unteren Würfeln Mörtel zur Bildung des Gießbettes entzogen wurde. Vom 4. Würfel ab aufwärts kann auf Grund der gleichen Druckfestigkeitsergebnisse aber die Bildung des Mörtelbettes in der Rinne als abgeschlossen gelten.

Die Versuche sind hier mit der magersten Mischung durchgeführt worden. Die 4 Würfeln entsprechende Betonmenge, welche vor jedem Versuch zur Mörtelbettbildung durch die Rinne geschickt wurde, genügt bei den andern, fetteren Mischungen also auf jeden Fall.

Bei der Herstellung der Probekörper war weiterhin noch zu prüfen, ob Verdunstungen an Wasser während des Gießens einen zu berücksichtigenden Einfluß ausübten. Zu diesem Zwecke wurden 20-cm-Würfel im Mischungsverhältnis 1:6 mit stark sandhaltigem Zuschlagsmaterial (Kornzusammensetzung nach Kurve 6) hergestellt. 3 Würfel wurden nach der Durchmischung gleich aus der Maschine entnommen, 3 nach einmaligem und 3 nach viermaligem Durchfließen der Rinne. Die Druckfestigkeitsprüfung dieser Würfel nach 28 Tagen ergab in der gleichen Reihenfolge, wie oben aufgeführt, die Resultate: 33,5, 33 und 34,4 kg/cm² als Mittelwerte. Erst bei viermaligem Durchfließen der Rinne (Gesamtlänge ca. 60 m) deutet eine geringe Festigkeitserhöhung auf einen durch Verdunstung verminderten Wasserzusatz hin, obgleich als Herstellungstag mit Absicht ein sehr warmer Tag (35° Lufttemperatur, 40% Luftfeuchtigkeit) und eine stark wasserhaltige Mischung (19% Wasserzusatz) gewählt worden war. Beim Gießen der Probekörper kommt also eine Beeinflussung durch Wasserverdunstung nicht in Betracht, trotzdem wurde aber bei der Auswahl der Herstellungstage Wert auf eine möglichst gleichmäßige Witterung gelegt.

Nach dem Gießen der Probekörper setzte sich bei den wasserreichen Mischungen auf der Oberfläche eine Schicht Wasser ab, die beim Nachfüllen der Form ablief. Dieses verdrängte Wasser wurde auf einem untergestellten Blech aufgefangen, gewogen und bei der späteren Auswertung in Abzug gebracht.

Vergleich zwischen Laboratoriums- und Bauversuchen.

Für die nachfolgenden Erörterungen ist ein Versuch von Bedeutung, der nur in losem Zusammenhang mit den übrigen Untersuchungen steht und deshalb hier gleich besprochen werden soll.

Es galt festzustellen, ob Gußbeton, welcher unter einer gewissen Auflast von Beton erhärtet, höhere Festigkeiten aufweist als Beton, der unter normalen Umständen abbindet. Nachdem in der Rinne ein normales Mörtelbett hergestellt war, wurden wieder Säulen von $20 \times 20 \times 180$ cm im Mischungsverhältnis 1:6 mit sandarmem und sandreichem Kiessandzuschlag (vgl. S. 22, Serie 9 und 17) gegossen, nach 28 Tagen zersägt und die Würfel auf Druckfestigkeit geprüft. Die Prüfungsergebnisse sind in Abb. 14 eingetragen.

Nur bei der sandreichen Mischung nimmt die Druckfestigkeit nach unten offensichtlich zu, während bei dem sandarmen Beton diese Gesetzmäßigkeit nicht in Erscheinung tritt. Das unterschiedliche Verhalten des Betons wird hier durch die verschiedene Beweglichkeit der Mischungen bedingt sein. Bei der groben Kornzusammensetzung mit nur 10% Wasserzusatz gibt der Kies dem Beton das Gepräge. Er bildet innerhalb der gegossenen Säule gewissermaßen ein starres Gerippe. Die Einwirkung der einzelnen Teile aufeinander wird dadurch gehemmt. Bei der Kornzusammensetzung nach Kurve 5 überwiegt der Sand. Die an und für sich größere Beweglichkeit der

	Beton nach Serie 9 (sandarm)		Beton nach Serie 17 (sandreich)
9	150 kg/cm²	9	81 kg/cm²
8	150,3 "	8	78,5 "
7	148,2 "	7	80,7 "
6	149,7 "	6	79,3 "
5	148,0 "	5	81,1 "
4	150,5 "	4	80,9 "
3	149,4 "	3	82,3 "
2	150,1 "	2	82,7 "
1	149,9 "	1	83,6 "

1,80 m — 0,2   1,80 m — 0,2

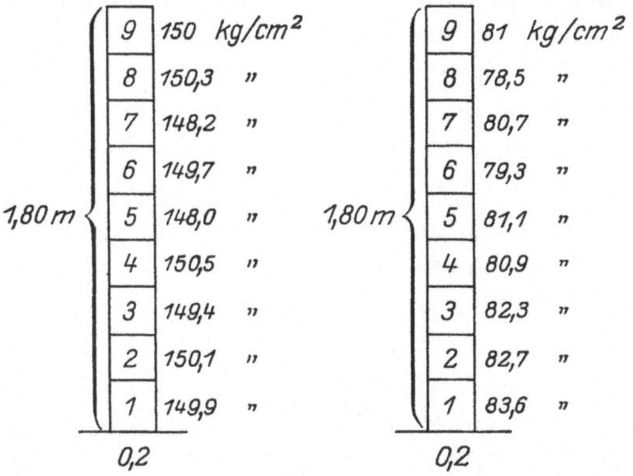

Abb. 14. Prüfung zu Würfeln zersägter Säulen auf Druckfestigkeit.
Beton nach Serie 9 (sandarm).   Beton nach Serie 17 (sandreich).

Sandkörner gibt im Verein mit dem höheren Wasserzusatz von 13% der ganzen Betonmasse etwas Beweglicheres und daher auch Empfindlicheres gegen äußere Einflüsse, so daß sich hier leichter die Auflast der oberen Betonschichten in Verdichtungen der unteren Schichten auswirken kann.

Im Vergleich zum Gußbetonbauwerk, wo wir stets verhältnismäßig hohe Gießschichten haben, wird also der laboratoriumsmäßig hergestellte Würfel Unterschiede zeigen, die je nach Kornzusammensetzung, Mischung und Wasserzusatz stärker oder schwächer ausgeprägt sind. Die unmittelbare Einwirkung jeglicher Witterung, die sich in der Hauptsache in der Beeinflussung des Verdunstungsgrades bemerkbar machen wird, und der leichtere Abfluß der durch den Gießvorgang bedingten überflüssigen Wassermenge schaffen dem Gußbeton im Bauwerk weitere, günstigere Erhärtungsbedingungen, so daß dem laboratoriumsmäßig hergestellten Würfel hier nur die Aufgabe zufallen kann, Vergleichswerte zu schaffen. Gary[1]) hat versucht, auch dem Laboratoriums-

---

[1]) Deutscher Ausschuß für Eisenbeton Heft 39.

würfel durch Herstellung in Gipsformen mehr Wasser zu entziehen. Er erreichte dadurch selbstverständlich eine höhere Festigkeit, da jede Wasserverminderung festigkeitserhöhend wirkt. Die so gewonnenen Werte haben aber ebensowenig Anspruch auf absolute Vergleichsmöglichkeit mit der Betonfestigkeit im Bauwerk wie die Resultate der in eisernen Formen hergestellten Würfel.

Die niedrigeren Festigkeitswerte der laboratoriumsmäßig hergestellten Gußbetonwürfel allein hätten wohl kaum genügt, diese Prüfungsmethode so stark in Mißkredit zu bringen, wenn nicht die amtlichen Bestimmungen auch für den Gußbeton eine Mindestfestigkeit von 150 kg/cm² nach 28 Tagen vorschreiben würden. Die Vorschrift einer Mindestfestigkeit hat doch den Zweck, einen Baustoff zu gewährleisten, der unter Einschluß des Sicherheitsgrades den im Bauwerk vorhandenen Beanspruchungen genügt. Da die Inanspruchnahme des Baustoffes je nach der Art des Bauwerks sehr verschieden ist, wäre zum mindesten eine gewisse Abstufung dieser Mindestfestigkeiten erforderlich. Für Schwergewichtsmauern z. B., wo wir im Maximum Beanspruchungen von 25 kg/cm² haben, ist die bei uns erforderliche Mindestfestigkeit von 150 kg/cm² nach 28 Tagen entschieden zu hoch. Die spanische Regierung schreibt in diesem Falle für den gegossenen Würfel 150 kg/cm² nach 90 Tagen vor (vgl. Bau der Staumauer Camarasa); die Schweiz verlangt bei dem Probekörper aus Gußbeton 100 kg/cm² Druckfestigkeit nach 28 Tagen (vgl. Staumauer Barberine). In Amerika hat man schon seit längerer Zeit Abstufungen der Mindestfestigkeit in einzelnen Klassen vorgenommen[1]).

Festigkeitsvergleiche zwischen laboratoriumsmäßig hergestellten Gußbetonwürfeln und aus dem Gußbetonwerk herausgestemmter oder mit dem Sandstrahlgebläse entfernter Probewürfel ergaben bei den letzteren, wie schon erwähnt, höhere Festigkeiten. Daraus wurde wieder die Unbrauchbarkeit des Laboratoriumwürfels gefolgert. Der aus dem Bauwerk entnommene Würfel gibt, wenn von der Zufälligkeit seiner Entnahmestelle und von eventuell eintretenden Strukturverletzungen beim Lösen abgesehen wird, selbstverständlich das beste Bild über die Bauwerkfestigkeit. Das Bauwerk oder mindestens Bauwerksteile müssen aber schon erstellt sein, wenn man zu dieser Prüfung schreitet. Der Laboratoriumswürfel soll dagegen schon vor dem Baubeginn einen Maßstab für die Güte des Materials abgeben. Festigkeitsvergleiche zwischen den beiden Würfelarten könnten lediglich den Zweck haben, eventuell vorhandene Gesetzmäßigkeiten in der Festigkeitszunahme festzustellen, so daß man auf Grund dieser Beziehungen von der Laboratoriumswürfelfestigkeit auf die Festigkeit im Bauwerk schließen dürfte.

---

[1]) Vgl. Lydtin: Die Bewältigung großer Betonmengen mit Hilfe des Betongußverfahrens. Bauing. 1922.

Der Einfluß des Wasserzusatzes.

Die Einzelergebnisse der Festigkeitsprüfungen an 20-cm-Würfel sind auf Seite 28 eingetragen. Innerhalb der einzelnen Mischungsverhältnisse 1:4, 1:6, 1:8, 1:10 und 1:0,5 Traß:10 sind jeweils Kornzusammensetzungen nach 3 und 5 verwendet worden als typische Beispiele grober und feiner Kiessande. Bei der Mischung 1:6 wurden außerdem noch Probekörper mit Kornzusammensetzungen nach 1, 2, 4 und 6 gegossen (vgl. Spalte c). Entsprechend den Ausführungen bei der Konsistenzprüfung liegen die Wasserzusätze hart an der Grenze zwischen plastischem Beton und Gußbeton. Bei den meisten Mischungen wurden aber außerdem noch zum Vergleich Proben mit höheren Wasserzusätzen, bei der Mischung 1:6 auch plastische Vergleichsmischungen angefertigt (s. Spalte d und i). Die Resultate der Druckfestigkeitsprüfung enthält Spalte g, in Spalte h ist die Witterung am Herstellungstag, in e der Wasserzementfaktor der jeweiligen Mischungen (Verhältnis von Wasser zu Zement) eingetragen.

Betrachtet man zunächst die Abhängigkeit der Druckfestigkeit vom Wasserzementfaktor und wertet diese Beziehung graphisch aus, so erhält man eine in Abb. 15 eingetragene Punkteschar mit einer durch die eingezeichnete Kurve dargestellten Gesetzmäßigkeit.

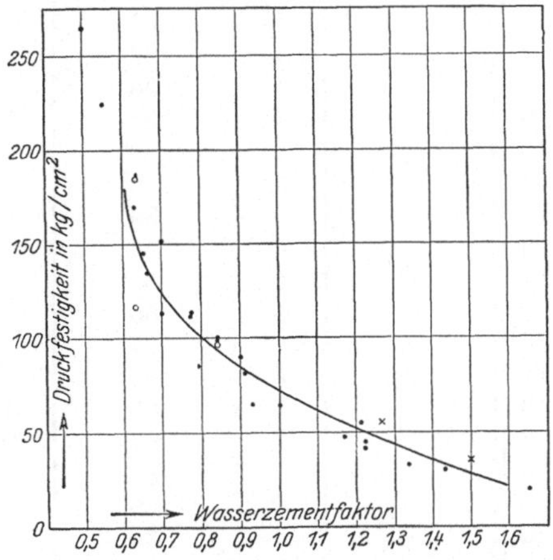

Abb. 15. Beziehung zwischen Druckfestigkeit und Wasserzementfaktor. (20-cm-Würfel nach 28 Tagen geprüft.)

· = Gußbeton.   + = Gußbeton mit Traßzusatz.   ○ = plastischer Beton.

Die Gleichung der Kurve lautet allgemein:

$$K = K_a - \alpha \, (w - w_a)^\beta,$$

wobei der Druckfestigkeit K der Wasserzementfaktor w zugeordnet ist.

K_a ist die Ausgangsfestigkeit, w_a der hierzu gehörige Wasserzementfaktor, α und β zu bestimmende Koeffizienten. Für den hier vorliegenden Untersuchungsbereich mit $K_a = 180$ kg/cm² und $w_a = 0,6$ (vgl. Abb. 15) ergibt sich K in kg/cm² zu:

$$K = 180 - 160 \, (w = 0,6)^{0,43}.$$

Wie bei Abrams[1]) zeigt sich also auch hier eine Abnahme der Druckfestigkeit mit Zunahme des Wasserzementfaktors. Soll in einem Guß-

---

[1]) Vgl. Fußnote S. 15.

Tabelle 9. Druckfestigkeits-

a	b	c		d**)	e	f
		Kornzusammensetzung				
Serie	Mischungsver- hältnis	Kurve	Sandgehalt*) %	Wasserzusatz %	Wasser- zement- faktor	Konsistenz- zahl
1		3	39	11	0,55	175
2		3	39	14 — 1,5 = 12,5	0,63	—
3	1 : 4	3	39	17 — 3 = 14	0,7	—
4		5	67	13	0,65	220
5		5	67	15 — 1,75 = 13,25	0,66	—
6		5	67	19 — 3,2 = 15,8	0,79	—
7		1	28	10	0,7	—
8		2	38	10	0,7	171
9		3	39	10	0,7	170
10		3	39	11	0,77	—
11		3	39	12	0,84	—
12		3	39	9	0,63	146
13	1 : 6	4	55	11	0,77	180
14		4	55	12	0,84	—
15		4	55	9	0,63	—
16		5	67	12	0,84	186
17		5	67	13	0,91	220
18		5	67	16 — 2,8 = 13,2	0,93	—
19		5	67	21 — 3,5 = 17,5	1,22	—
20		6	84	21 — 2 = 19	1,33	239
21		3	39	10	0,9	173
22	1 : 8	3	39	11	1,0	—
23		5	67	13	1,17	215
24		5	67	15 — 1,5 = 13,5	1,22	—
25		3	39	11	1,21	172
26	1 : 10	5	67	13	1,43	—
27		5	67	15	1,65	193
28	1 : 0,5 : 10	3	39	11	1,27	201
29		5	67	13	1,5	221

*) Gewichtsprozente des Zuschlagmaterials.
**) Wasserverlust durch Überlaufen 1,5%, 3% usw.
　　Rinnenneigung: 25°.

betonbauwerk also das Maximum an Widerstandsfähigkeit erreicht werden, so lautet die zu lösende Aufgabe: mit dem niedrigsten Wasserzementfaktor eine noch gießbare Mischung zu erzielen. Verringerungen
des Wasserzementfaktors können einmal durch Vermehrung der Zementmenge und das andere Mal durch Verminderung des Wasserzusatzes gewonnen werden.

Die Zementmenge ist in gewissen Grenzen durch die vorgeschriebene
Mindestfestigkeit als Funktion der Bauwerksbeanspruchung und durch
die Konsistenz festgelegt. Sie wächst bei gleichbleibender Mindestfestigkeit mit der Konsistenzänderung von Stampfbeton zu plastischem Beton

ergebnisse.

g				h			i
Druckfestigkeit in kg/cm² nach				Herstellungstag			Bemerkungen
7 Tagen	28 Tagen	90 Tagen	360 Tagen	Temperatur	Feuchtigkeit %	Wetter	
167	225	250	—				
115	170	—	—	15°	62	bedeckt	
65	114	—	—				
100	145	167	—				
84	135	—	—	27°	56	„	
38	83	—	—				
—	—	—	—				
73,5	150	—	—	18°	70	Sonne	Zu grob — Entmischung nach Fuller
75	151	179	—				
—	112	140	—				
—	100	130	—	23°	40	„	
86	174	220	234				plastischer Beton
—	114	—	—				
—	98	—	—	22°	65	bedeckt	
—	119	—	—				plastischer Beton
50	96	119	149				plastischer Beton
43	82	98	128	18°	70	Sonne	
—	65	100	—				
—	42	56	—				
—	33	47	—	20°	45	„	
—	90	—	—				
—	65	—	—				
—	48	—	—	16°	50	„	
—	45	—	—				
—	55	75	84				
—	38	53	—	19°	72	bedeckt	
—	20	32,5	—				
—	57	76	—	28°	63	„	0,5 Traßzusatz
—	35	52	59				

zu Gußbeton, und es ist jeweils eine Frage der Kalkulation, festzustellen,
ob in Anbetracht der verhältnismäßig hohen Zementpreise die Vorteile
der nasseren Verarbeitung des Betons trotz der größeren Zementmenge
noch so stark ins Gewicht fallen, daß sie die gewollte Ersparnis beim
Bau garantieren. Aus diesen Erwägungen heraus wird also im allgemeinen die Zementmenge festliegen, und es wird sich beim Bauwerk
darum handeln, das Minimum des Wasserzementfaktors durch Verringerungen des Wasserzusatzes zu erreichen.

Der Einfluß des Sandgehaltes.

Der Zusatz von weniger Wasser ändert die Konsistenzform. Soll
jedoch wie hier die Konsistenz Gußbeton gewahrt bleiben, so kommen
nur noch Beeinflussungen des Wasserzusatzes durch Veränderungen im

Kiessandzusatz in Frage, die weniger Wasser erfordern und trotzdem den vorgeschriebenen Grad der Gießbarkeit, also mindestens die Konsistenzzahl rund 173, erreichen. Bei der Prüfung der Konsistenz wurde festgestellt (vgl. S. 19), daß die Verminderungen des Sandgehaltes den erforderlichen Wasserzusatz herabsetzen. Damit vermindert sich auch der Wasserzementfaktor, der entsprechend dem niedrigsten Wasserzusatz bei Kornzusammensetzungen nach Kurve 3 sein erstrebenswertes Minimum erreicht. Wie stark die vorgenannten Einwirkungen sind, zeigt z. B. die Mischung 1:6 (S. 28), wo Kornzusammensetzungen mit 84—67—55 und 39% Sandgehalt entsprechende Wasserzusätze von 19—12—11 und 10% erfordern, die sich jeweils in einer Verminderung des Wasserzementfaktors von 1,33—0,84—0,77 auf 0,7 und in Festigkeitserhöhung von 33—96—114 auf 151 kg/cm² auswirken.

Ist es aus irgendeinem Grunde bei stark sandhaltigen Mischungen nicht möglich, den Sandgehalt zu vermindern, so können nur noch durch erhebliche Steigerungen des Zementgehaltes hier brauchbare Festigkeitsresultate erzielt werden. Die Mischungen werden dadurch unwirtschaftlich, außerdem wirkt der erhöhte Sandzusatz ungünstig auf die Dichtigkeitsverhältnisse im Beton ein.

Die Bestimmung der Dichtigkeit des Gußbetons.

Die Dichtigkeit des Betons ist für die Wasserbauten von ausschlaggebender Bedeutung, doch wird man darüber hinaus überall dort ebenfalls einen möglichst dichten Beton verlangen, wo mechanische oder chemische Einwirkungen zu erwarten sind.

Während Fuller und Tompson[1]) auf Grund ihrer Versuche das Zusammenfallen von maximaler Festigkeit und maximaler Dichte feststellten, weist Abrams[2]) durch seine Untersuchungen nach, daß die maximale Festigkeit eine gröbere Kornzusammensetzung erfordert, als es die maximale Dichte verlangt. Die Bestimmung der Dichtigkeit oder, besser gesagt, des Dichtigkeitsgrades eines Betons ist nun keineswegs einfach. Vor allen Dingen läßt sich der Gehalt an freiem Wasser im Beton nie ganz einwandfrei feststellen, weil durch die Verdunstungen bei der Herstellung stets Ungenauigkeiten hereinkommen werden. Man wird sich hier von vornherein mit Näherungswerten begnügen müssen, und es sei nachfolgend versucht, durch Bestimmung des Raumgewichtes und des spezifischen Gewichtes vom Beton Aufschluß über seine Dichtigkeitsverhältnisse zu erhalten.

1. Das Raumgewicht.

Die zur Prüfung bestimmten 20-cm-Würfel wurden in einem Raume trocken gelagert, dessen Raumtemperatur 16—21° und dessen Raumfeuchtigkeit 45—55% betrugen.

---

[1]) Vgl. Fußnote 2, S. 8.   [2]) Vgl. Fußnote 4, S. 8.

Einen Überblick des Versuchsbereiches gibt Tabelle 10, S. 32.

Der Gewichtsverlust der Probekörper infolge Wasserverdunstung wurde durch Wiegen der Körper in kurzen Zeitabständen genau verfolgt. Dabei ergab sich, daß die wasserhaltigen, sandreichen Mischungen innerhalb der gleichen Zeit bedeutend mehr an Wasser abgaben als die sandarmen und daher weniger wasserhaltigen. Dieser Wasserverlust ist in

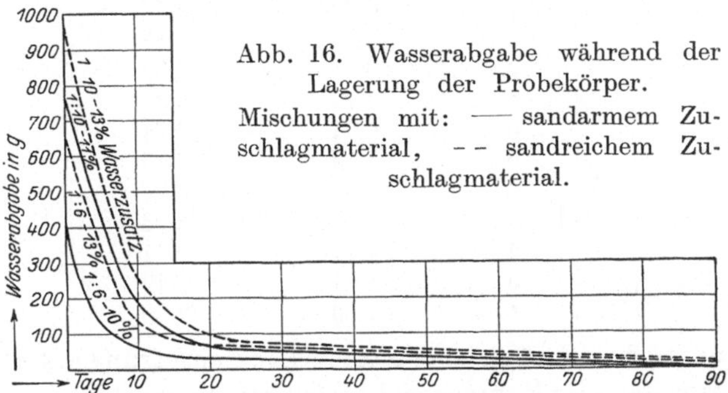

Abb. 16. Wasserabgabe während der Lagerung der Probekörper. Mischungen mit: —— sandarmem Zuschlagmaterial, – – sandreichem Zuschlagmaterial.

Abb. 16 in Abhängigkeit von der Zeit dargestellt, und zwar für die Mischungen 1:6 und 1:10 jeweils mit sandreichen und sandarmen Kornzusammensetzungen nach Kurve 3 und 5 (Serie 9, 17 und 25, 26). Für die Probekörper der anderen Serien ergab sich im Prinzip der gleiche Kurvenverlauf, von einer Auftragung in Abb. 16 ist der Übersichtlichkeit wegen deshalb abgesehen worden.

Die stärkste Wasserabgabe erfolgt innerhalb der ersten Tage nach dem Ausschalen. Vom 28. Tage ab bis zum 80. ist die Wasserverdunstung nur noch minimal, jedoch bei allen Mischungen noch meßbar. Bis zum 90. Tage zeigen nur die sandhaltigen Mischungen noch wiegbare Wasserverluste an. Vorversuche ergaben, daß über 90 Tage hinaus die gröberen Be-

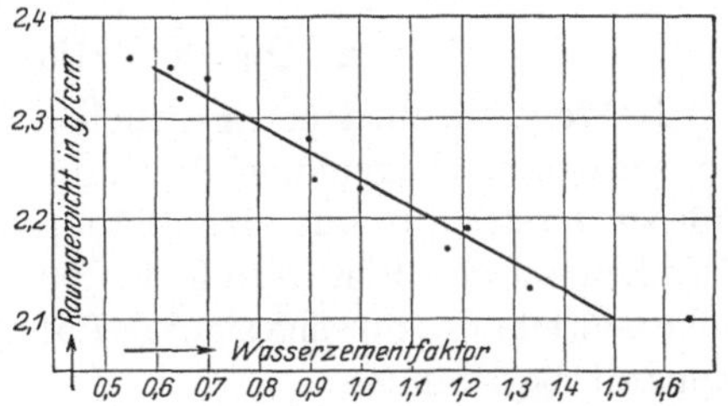

Abb. 17. Verhältnis von Raumgewicht und Wasserzementfaktor.

tonwürfel wieder geringe Gewichtszunahmen infolge Wasseraufnahme zu verzeichnen hatten. Es wurde deshalb das Raumgewicht nach 90 Tagen den weiteren Untersuchungen zugrunde gelegt.

In Tabelle 10, Spalte e, sind die Raumgewichte der unter a angegebenen Serien eingetragen.

Es zeigen sich hier die gleichen Gesetzmäßigkeiten, wie sie auch schon ältere Versuche ergeben haben[1]: die Zunahme des Raumgewichtes mit Zunahme der Druckfestigkeit und die Abnahme des Raumgewichtes bei

---

[1] Vgl. Graf: Der Aufbau des Mörtels im Beton. Berlin: Julius Springer 1923.

Tabelle 10. Raumgewicht.

a	b	c	d	e	f
Serie	Mischungs-verhältnis	Korn-zusammen-setzung	Wasserzement-faktor	Raumgewicht g/cm³	Druckfestig-keit in kg/cm²
1	} 1 : 4	3	0,55	2,36	225
2		3	0,63	2,35	170
4		5	0,65	2,32	145
9	} 1 : 6	3	0,7	2,34	151
13		4	0,77	2,30	114
17		5	0,91	2,24	82
20		6	1,33	2,13	33
21	} 1 : 8	3	0,9	2,28	90
22		3	1,0	2,23	65
23		5	1,17	2,175	48
25	} 1 : 10	3	1,21	2,19	55
27		5	1,65	2,10	20

gleicher Zementmenge und gleicher Kornzusammensetzung mit zunehmendem Wasserzusatz. Das Raumgewicht wird also in gleichem Sinne wie die Druckfestigkeit von den beiden Faktoren Wasser und Zement beeinflußt.

Wertet man analog Abb. 15 diesmal die Beziehungen zwischen Raumgewicht und Wasserzementfaktor aus, so erhält man die in Abb. 17 eingetragene Punkteschar.

Der Verlauf der Gesetzmäßigkeit kann mit guter Annäherung durch eine gerade Linie dargestellt werden.

2. Das spezifische Gewicht.

Kehren wir zu dem eigentlichen Gang der Untersuchungen zurück, so wurden nach genauer Bestimmung des Raumgewichtes die Probekörper zerstampft und das Betonpulver, um einen Maßstab für seine Feinheit zu erhalten, durch das 900-Maschensieb gesiebt. Das spezifische Gewicht des durchgesiebten Pulvers wurde dann mit dem Schumannapparat bestimmt.

Die Mittelwerte aus je drei Versuchen sind in Tabelle 11 eingetragen, und zwar in Spalte f das spezifische Gewicht des Betonpulvers gleich nach dem Zerstampfen und in Spalte g das spezifische Gewicht des Pulvers, nachdem es 8 Tage lang vorsichtig bei durchschnittlich 30° Wärme getrocknet wurde.

Die Raumgewichte aus Tabelle 10 sind in Tabelle 11 unter e noch einmal eingetragen, so daß sich jetzt leicht der Quotient Raumgewicht/Spezifisches Gewicht $= \dfrac{e}{g} =$ Dichtigkeitsgrad bilden läßt. Damit ist auch der Prozentsatz an Hohlräumen (Spalte i) gegeben.

Vergleicht man die spezifischen Gewichte des Betonpulvers vor und nach dem Trocknen miteinander, so zeigt sich, daß das getrocknete

Tabelle 11. Spezifisches Gewicht und Dichtigkeitsgrad.

a	b	c	d	e	f	g	h	i
Serie	Mischungs-verhältnis	Korn-zu-sammen-setzung	Wasser-zusatz %	Raum-gewicht g/cm³	spezifisches Gewicht des Betonpulvers un-getrocknet	getrocknet	Dichtig-keitsgrad	Hohl-räume in %
1	1 : 4	3	11	2,36	2,543	2,618	0,905	9,5
9		3	10	2,34	2,537	2,602	0,90	10
11		3	12	2,32	2,539	2,590	0,90	10
13	1 : 6	4	11	2,30	2,530	2,590	0,89	11
17		5	13	2,24	2,500	2,581	0,87	13
20		6	19	2,13	2,431	2,576	0,83	17
21	1 : 8	3	10	2,28	2,527	2,598	0,88	12
23		5	13	2,175	2,486	2,568	0,85	15
25	1 : 10	3	11	2,19	2,520	2,596	0,84	16
27		5	15	2,10	2,470	2,560	0,82	18

Pulver infolge Wasserabgabe ein höheres spezifisches Gewicht aufweist. Dabei ist die Gewichtsdifferenz zwischen getrocknetem und ungetrocknetem Betonpulver bei den Serien mit dem größten Wassergehalt im Durchschnitt am stärksten. Bei gleicher Kornzusammensetzung nimmt das spezifische Gewicht des Betons mit abnehmender Zementmenge ab. Bei gleicher Zementmenge nimmt das spezifische Gewicht, immer gleiche Konsistenz vorausgesetzt, mit zunehmender Sandmenge ebenfalls ab, weil infolge des größeren Wasserzusatzes der Zement stärker hydratisiert und dabei erwiesenermaßen an spezifischem Gewicht verliert.

<h3 align="center">3. Die Dichtigkeit.</h3>

Vergleicht man bei den vorliegenden Versuchsserien die prozentualen Anteile der Hohlräume (s. Spalte i) miteinander, so ergibt sich folgendes:

Bei gleichbleibender Zementmenge und Kornzusammensetzung nehmen die Hohlräume mit Steigerungen des Wasserzusatzes zu. Vermehrung des Zementgehaltes bei gleicher Kornzusammensetzung und in gewissen Grenzen auch Verminderung des Sandgehaltes bei gleicher Zementmenge wirken in gleichem Sinne hohlraumvermindernd.

Die in Abb. 18 dargestellte Abnahme der Hohlräume innerhalb der gleichen Mischung durch Verringerungen des Sandgehaltes ist begrenzt, d. h. die Kurve wird in ihrem weiteren Verlauf ein Minimum haben und

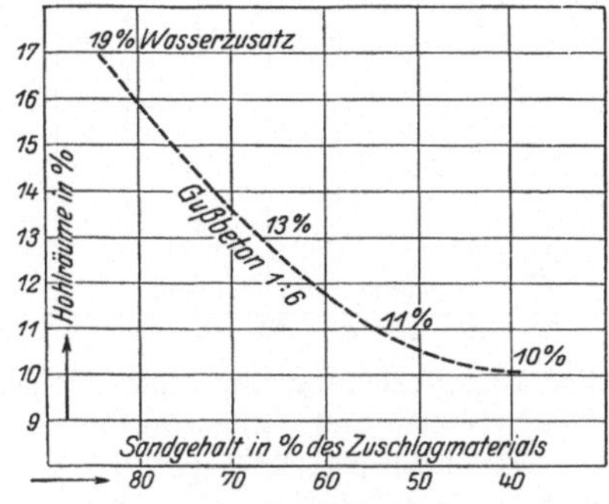

Abb. 18. Beziehung zwischen Hohlräumen und Sandgehalt bei gleicher Zementmenge.

dann wieder ansteigen. Die Untersuchung fiel hier aus dem Rahmen der Arbeit, weil auf Grund der Konsistenzprüfungen 39% Sandgehalt als unterste Grenze bei Gußbetonmischungen gefunden wurde. Es läßt sich aber ohne weiteres einsehen, daß von einer gewissen Kornmischung ab die groben Körner so große Zwischenräume lassen, daß eine Ausfüllung mit Mörtel nur noch unvollkommen stattfinden kann.

Oberflächenverhältnisse.

Um den Einfluß der Sandverminderung auch in seiner Auswirkung auf die Oberflächenverhältnisse erfassen zu können, wurden auf Grund

Tabelle 12. Oberflächenverhältnisse.

a	b	c	d	e	f	g
Serie	Mischungs-verhältnis	Sand-gehalt %	Kiessand-Oberfläche in m²	Zement %	Zementfaktor g/m²	Druck-festigkeit kg/cm²
1	1 : 4	39	113,5[1])	20	176	225
4	1 : 4	67	244	20	82	145
8		38	154,5	14,3	93	150
9		39	121,8	14,3	117,1	151
13	1 : 6	55	195,7	14,3	73	114
17		67	261,5	14,3	55	82
20		84	574	14,3	25	33
21	1 : 8	39	126	11,1	88,5	90
23	1 : 8	67	271	11,1	41	48
25	1 : 10	39	129	9,1	70,5	55
26	1 : 10	67	277	9,1	32,8	38

der Tabelle 6 die Oberflächen des Kiessandzuschlages für je 100 kg Mischgut ermittelt. In Tabelle 12 sind unter d diese Werte eingetragen, und zwar für Versuchskörperserien, die auch den vorhergehenden Untersuchungen zugrunde liegen. Spalte c enthält die Angabe des Sandgehaltes in Gewichtsprozenten des Kiessandzuschlages, Spalte g die Ergebnisse der Druckfestigkeitsprüfungen entsprechend S. 28.

Es zeigt sich, daß mit Verringerung des Sandgehaltes die Oberfläche abnimmt; die Verkittung der einzelnen Körner wird besser, infolgedessen wächst die Druckfestigkeit (vgl. Spalte g), aber auch

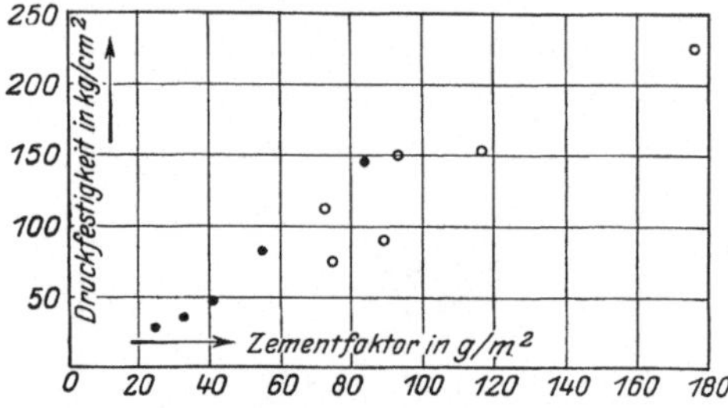

Abb. 19. Beziehung zwischen Druck-festigkeit und Zementfaktor.
(Probekörper: 28 Tage alt.)
Mischung mit: ∘ sandarmem Zuschlag-material, · sandreichem Zuschlagmaterial.

---

[1]) Jeweils für 100 kg Mischgut.

hier nur so lange, als mit zunehmender Vergröberung des Kiessand-
materials eine wesentliche Vermehrung der Hohlräume nicht stattfindet.

Maßgebend für die Verkittung ist die Zementmenge pro Quadrat-
meter Oberfläche, d. h. der sogenannte Zementfaktor (s. Spalte f). Er
wird bei gleichem Mischungsverhältnis mit zunehmendem Sandzusatz
(Vergrößerung der Oberfläche) abnehmen und zeigt in Beziehung, zur
Druckfestigkeit gebracht, die in Abb. 19 graphisch dargestellte Gesetzmäßigkeit, d. h. eine stete Abnahme mit abnehmender Druckfestigkeit.

Druckfestigkeitszunahme des Betons mit dem Alter.

Die Festigkeitszunahme des Betons mit dem Alter bietet nichts
Neues. In Abb. 20 sind die Ergebnisse der Würfelfestigkeiten bis zu

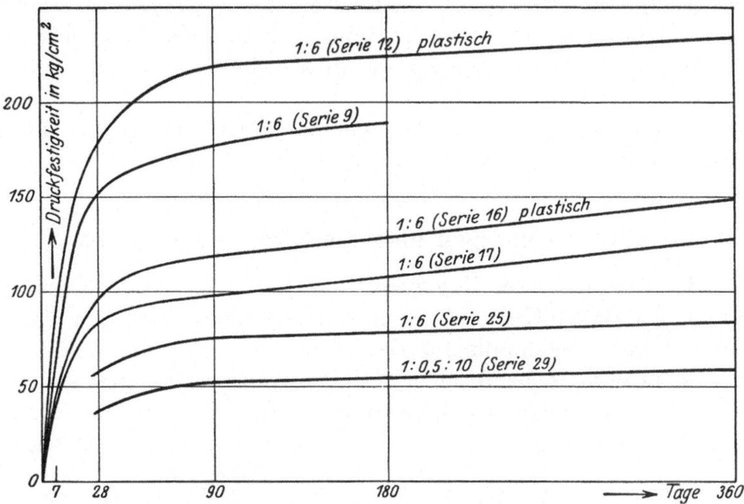

Abb. 20. Druckfestigkeitszunahme des Betons mit dem Alter.

einem Jahr dargestellt. Die Probewürfel lagerten 90 Tage trocken und
von da ab unter Wasser.

Die Frage, ob der Beton mit höherem Wassergehalt mit dem Alter
eine größere Festigkeitszunahme aufweist als der weniger nasse Beton,
ist bis jetzt noch nicht einwandfrei geklärt. Es sind hier weitere Versuche erforderlich.

Vergleich der Festigkeiten von 20- und 30-cm-Würfeln.

In Tabelle 13 sind unter d die Druckfestigkeitsergebnisse von 20- und
30-cm-Würfeln für einige Serien eingetragen worden, die unter a—c
näher gekennzeichnet sind.

Tabelle 13. Vergleich der Druckfestigkeiten von 20- und 30-cm-Würfeln.

a	b	c	d	
Serie	Mischungsverhältnis	Kornzusammensetzung	Druckfestigkeit in kg/cm²	
			20-cm-Würfel	30-cm-Würfel
9	1 : 6	3	151	125
17		5	82	67
25	1 : 10	3	55	35
26		5	38	23
28	1 : 0,5 : 10	3	57	40
29		5	35	21

Die 30-cm-Würfel-Formen wurden vor dem Füllen ebenfalls sorgfältig abgedichtet, so daß ein Unterschied gegenüber den 20-cm-Formen in bezug auf Dichtigkeit nicht vorhanden war. Die unterschiedliche Einwirkung der Betonverarbeitungsmethode, wie sie beim Stampfbeton bei verschiedener Formgröße in Erscheinung tritt, fällt hier auch fort.

Der Zunahme des Querschnittes entsprechend sind die Druckfestigkeitsresultate der 30-cm-Würfel niedriger.

b) Die Untersuchungen über die Biegungszugfestigkeit.

Die Herstellung reiner Zugglieder aus Beton entspricht nicht dem Charakter des Baustoffes und ist in den meisten Fällen zu verwerfen. Gußbeton kommt jedenfalls für derartige Ausführungen nicht in Betracht, weil er entsprechend seiner geringen Anfangsfestigkeit am wenigsten Zugbeanspruchungen aufnehmen kann. Deshalb wird hier von einer Bestimmung der Zugspannung aus direkten Zugversuchen abgesehen.

Die Beanspruchung von Gußbetonbaugliedern auf Biegung wird auch verhältnismäßig selten vorkommen, doch sind vom Verfasser einige Biegeversuche an unbewehrten

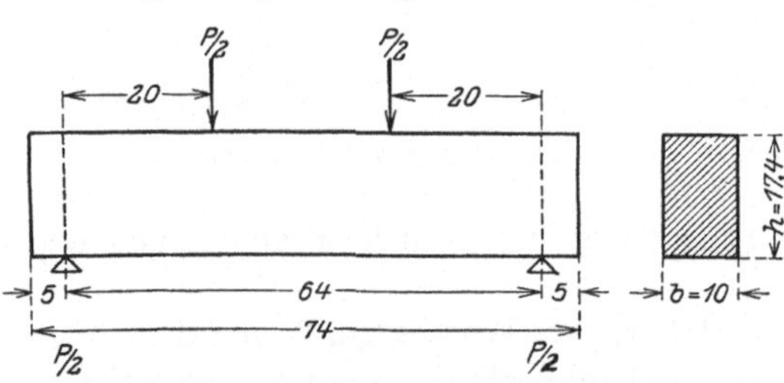

Abb. 21. Lastanordnung. Längenangabe in cm.

Gußbetonbalken ausgeführt worden. Die Lastanordnung bei den Versuchen ist aus Abb. 21 zu ersehen.

Die Prüfungsergebnisse von 28 und 90 Tage alten Probebalken sind in Tabelle 14 eingetragen. Die Spalten a—d der Zusammenstellung bedürfen keiner Erläuterung. Unter e sind die Wasserverluste der Balken vom Herstellungstag bis zum Prüfungstag eingetragen, unter f die Werte des Widerstandsmomentes W. Spalte g enthält das maximale Moment M, Spalte h die Werte der Biegungszugfestigkeit

$$\sigma = \frac{M}{W}.$$

Übereinstimmend mit den Druckfestigkeitsergebnissen ergibt sich eine Zunahme der Biegungsfestigkeit mit dem Alter und mit abnehmendem Wasserzementfaktor.

Tabelle 14. Ergebnisse der Biegungszugfestigkeitsprüfung.

a	b	c	d	e	f	g	h
Serie	Mischungs-verhältnis	Korn-zusammen-setzung	Wasser-zement-faktor	Wasser-verlust in 28 bzw 90 Tagen	Wider-stands-moment W in cm³	Bruch-moment M in cmkg	Biegungs-zugfestig-keit in kg/cm²
nach 28 Tagen geprüft							
12¹)	1 : 6	3	0,63	275	550	11320	20,6
9		3	0,70	540		9700	19,15
16¹)		5	0,84	575		4170	8,25
17		5	0,91	710		3600	7,12
19		5	1,22	1055	506	2980	5,90
25	1 : 10	3	1,21	870		3080	6,10
26		5	1,43	990		2380	4,70
28	1 : 0,5 : 10	3	1,27	786		3260	6,45
29		5	1,50	910		2323	4,62
nach 90 Tagen geprüft							
12¹)	1 : 6	3	0,63	320	550	17271	31,4
9		3	0,70	600		14300	28,3
16¹)		5	0,84	630		10820	21,4
17		5	0,91	765		8831	17,5
19		5	1,22	1087	506	7440	14,7
25	1 : 10	3	1,21	920		7580	15,0
26		5	1,43	980		6125	12,1
28	1 : 0,5 : 10	3	1,27	790		7700	15,2
29		5	1,50	1016		5970	11,8

Die Prüfungsergebnisse nach 28 Tagen sind im Verhältnis zu denen nach 90 Tagen sehr niedrig. Die Steigerung der Biegungszugfestigkeit innerhalb der beiden Prüfungstermine ist größer als die entsprechende Druckfestigkeitszunahme, und man könnte vermuten, daß trotz des verhältnismäßig hohen Feuchtigkeitsgehaltes des Lagerraumes und des Betons hier infolge Schwindens doch Nebenspannungen aufgetreten sind, die im Prüfungsbereich von 28 Tagen vermindernd auf die Biegungszugfestigkeit eingewirkt haben. Daraus würde sich auch der starke Zuwachs bis zum 90. Tage erklären.

---

¹) Plastischer Beton — Vergleichsmischung.

Die Resultate nach 28 Tagen haben praktisch wenig Bedeutung, weil man so jungen Gußbeton kaum Biegungsbeanspruchungen aussetzen wird. Es ist infolgedessen von einer Nachprüfung der Verhältnisse abgesehen worden, die so zu erfolgen hätte, daß man gleichzeitig hergestellte Probebalken gleicher Mischung und Kornzusammensetzung zum Teil, wie geschehen, trocken und zum Teil unter feuchtem Sand oder Säcken lagert. Die höheren Prüfungsresultate der feucht gelagerten Balken nach 28 Tagen würden dann die obige Annahme bestätigen.

Will man von der Biegungszugfestigkeit auf die reine Zugfestigkeit rückschließen, so ist zu beachten, daß die Zugfestigkeit für naß hergestellten Beton rund die Hälfte der Biegungsfestigkeit beträgt[1]).

c) Die Ergebnisse der Elastizitätsmessungen.

Entsprechend den Erörterungen über Zugversuche im vorhergehenden Kapitel ist hier auf Zugelastizitätsversuche verzichtet worden.

Die Elastizität des Betons wird in der Hauptsache von den gleichen Faktoren wie die Festigkeit beeinflußt. Elastizitätsversuche von Bach[2]) an Stampfbeton und plastischem Beton und von Rudeloff[3]) an Stampfbetonkörpern zeigten, daß der Wasserzusatz, die Zementmenge und das Alter auf die Elastizitätsmoduli in gleichem Sinne wie auf die Druckfestigkeit einwirken. Der größeren Nachgiebigkeit des nassen Betons entspricht hier die starke Zunahme der Formänderungen[4]).

Die eigenen Ergebnisse der Versuchsreihe I und II sind auf den S. 40—43 zusammengestellt. Die gewählte Anordnung in der Eintragung der Einzelresultate entspricht den gebräuchlichen Formen, und es erübrigt sich deshalb eine Besprechung der einzelnen Spalten. Gemes-

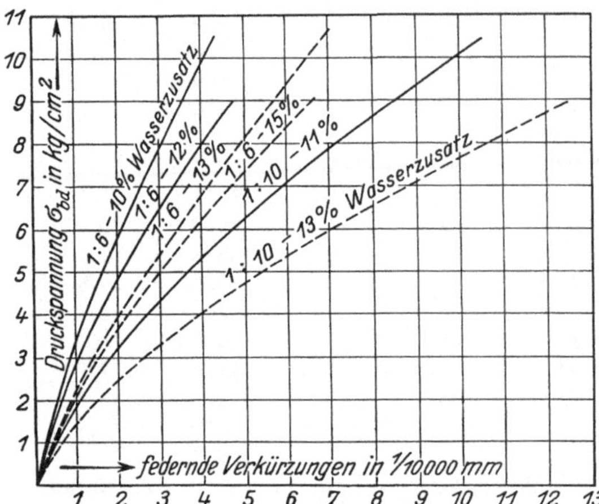

Abb. 22. Beziehung zwischen Druckspannung und federnder Verkürzung.
Versuchsreihe I. 90 Tage alte Probekörper.
—— sandarmer Beton, – – sandreicher Beton.

[1]) Vgl. Mörsch: Der Eisenbetonbau I. Bd.
[2]) Mitteilungen über Druckelastizität und Druckfestigkeit von Betonkörpern mit verschiedenem Wasserzusatz. I.—III. Teil. 1903. 1906. 1909. V. d. I. Nachr. 1895—97. 1910.
[3]) Deutscher Ausschuß für Eisenbeton. Heft 17.
[4]) Vgl. Graf: Forsch.-Arb. Ing. Heft 227.

sen wurde mit Spiegelapparaten von Martens; die Ablesungen erfolgten jeweils nach 2 Minuten Be- resp. Entlastung.

Geprüft wurden bei der Versuchsreihe I 90 Tage alte Probekörper im Mischungsverhältnis 1:6 und 1:10, hergestellt mit sandarmem und sandreichem Kiessandzuschlag. Bei den Mischungen 1:6 ist außerdem der Wasserzusatz noch variiert worden. Um Vergleichswerte mit den Probekörpern der Serien 25 und 26 zu er-

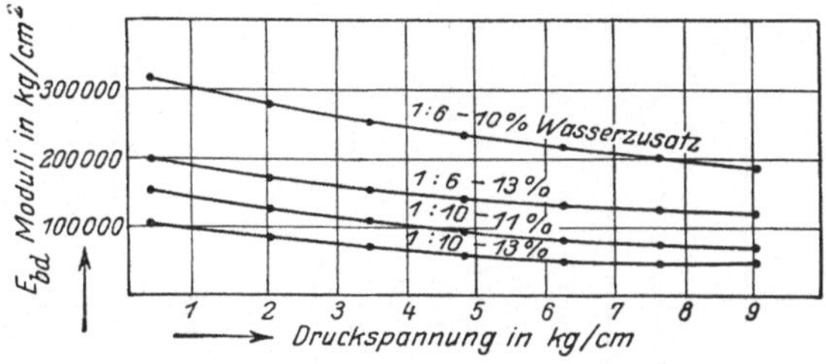

Abb. 23.   Beziehung zwischen Elastizitätsmoduli und Druckspannung.

halten, die aus magerem Beton 1:10 bestehen, wurden nur kleine Belastungsstufen und niedrige Beanspruchungen gewählt.

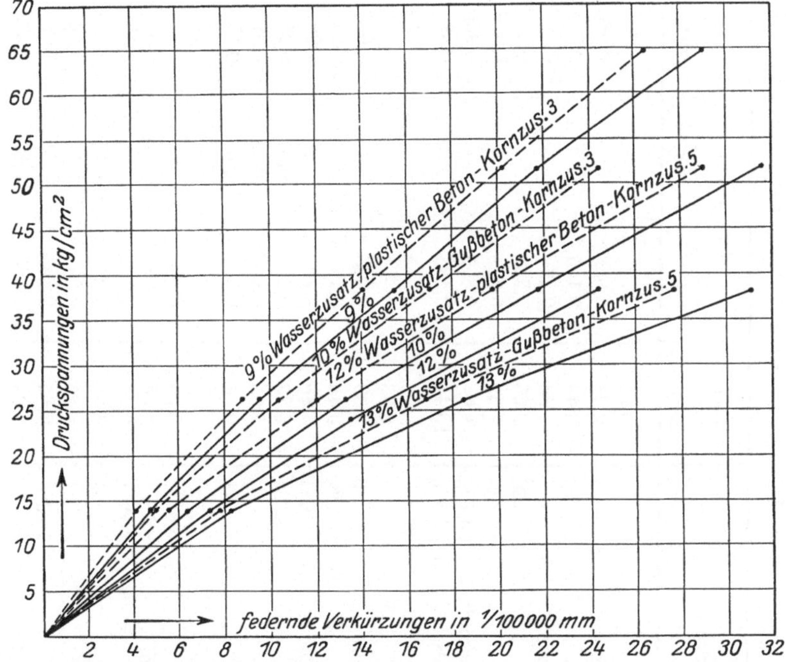

Abb. 24. Beziehung zwischen Druckspannung und federnder Verkürzung.
Versuchsreihe II.   - - 28 und —— 90 Tage alte Probekörper.

Aus den Prüfungsergebnissen der Versuchsreihe I folgt, daß die Elastizitätsmoduli mit abnehmender Zementmenge, mit zunehmendem Wasser- resp. Sandzusatz und mit zunehmender Spannung abnahmen.

Versuchsreihe I.

Tabelle 15. Elastizitätsmessungen an 90 Tage alten Körpern.

Bemerkungen	σ_{bd} in kg/cm²	Verkürzungen in $^1/_{500}$ cm			$\dfrac{\Delta \text{ bleibend}}{\Delta \text{ gesamt}}$	Δ federnd in $^1/_{500}$	$\Delta \sigma_{bd}$ in kg/cm²	E_{bd} in kg/cm²
		gesamt	bleibend	federnd				
1. Serie 9	0,35	—	—	—	—	0,055	1,73	315 000
Mischungsverhältnis . . . . 1 : 6	2,08	0,055	—	0,055	—	0,05	1,40	280 000
Wasserzusatz 10%	3,48	0,105	—	0,105	—	0,055	1,38	251 000
Wasserzementfaktor 0,7	4,86	0,16	—	0,16	—	0,06	1,39	232 000
Raumgewicht 2,28	6,25	0,22	—	0,22	—	0,065	1,40	215 000
Zement 14,3%	7,65	0,285	—	0,285	—	0,07	1,39	198 000
Kornzusammen- ⎱Sand . . 33,4%	9,04	0,355	—	0,355	—	0,075	1,40	187 000
setzung nach 3 ⎰Kies . . . 52,3%	10,44	0,435	0,005	0,43	0,01	—	—	—
2. Serie 11	0,35	—	—	—	—	0,068	1,73	254 000
Mischungsverhältnis . . . . 1 : 6	2,08	0,065	—	0,068	—	0,062	1,40	226 000
Wasserzusatz 12%	3,48	0,13	—	0,13	—	0,07	1,38	197 000
Wasserzementfaktor 0,84	4,86	0,20	—	0,20	—	0,08	1,39	174 000
Raumgewicht 2,26	6,25	0,29	0,01	0,28	0,03	0,09	1,40	156 000
	7,65	0,40	0,03	0,37	0,075	0,10	1,39	139 000
sonst wie unter 1 . . . . ⎰	9,04	0,52	0,05	0,47	0,10	—	—	—
3. Serie 17	0,35	—	—	—	—	0,09	1,73	192 000
Mischungsverhältnis . . . . 1 : 6	2,08	0,09	—	0,09	—	0,08	1,40	175 000
Wasserzusatz 13%	3,48	0,17	—	0,17	—	0,09	1,38	153 000
Wasserzementfaktor 0,91	4,86	0,27	0,01	0,26	0,03	0,10	1,39	139 000
Raumgewicht 2,2	6,25	0,38	0,02	0,36	0,05	0,105	1,40	133 000
Zement 14,3%	7,65	0,495	0,03	0,465	0,06	0,11	1,39	126 000
Kornzusammen- ⎱Sand . . 57,4%	9,04	0,625	0,05	0,575	0,08	0,12	1,40	117 000
setzung nach 5 ⎰Kies . . . 28,3%	10,44	0,765	0,08	0,695	0,10	—	—	—

4. Serie 19a	0,35	—	—	—	—	0,10	1,73	173 000
Mischungsverhältnis.... 1:6	2,08	0,10	—	0,10	—	0,09	1,40	156 000
Wasserzusatz....... 15%	3,48	0,195	0,005	0,19	0,02	0,10	1,38	138 000
Wasserzementfaktor.... 1,05	4,86	0,31	0,02	0,29	0,06	0,11	1,39	126 000
Raumgewicht....... 2,1	6,25	0,43	0,03	0,40	0,07	0,12	1,40	116 000
	7,65	0,575	0,055	0,52	0,09	0,14	1,39	100 000
sonst wie unter 3........ {	9,04	0,75	0,09	0,66	0,12	—	—	—
5. Serie 25	0,35	—	—	—	—	0,11	1,73	157 000
Mischungsverhältnis.... 1:10	2,08	0,11	—	0,11	—	0,11	1,40	127 000
Wasserzusatz....... 11%	3,48	0,22	—	0,22	—	0,125	1,38	110 000
Wasserzementfaktor... 1,21	4,86	0,355	0,01	0,345	0,03	0,145	1,39	96 000
Raumgewicht....... 2,2	6,25	0,525	0,035	0,49	0,07	0,17	1,40	83 000
Zement 9,1%	7,65	0,715	0,055	0,66	0,08	0,19	1,39	73 000
Kornzusammen-}Sand . 35,5%	9,04	0,95	0,10	0,85	0,10	0,21	1,40	67 000
setzung nach 3}Kies . 55,4%	10,44	1,20	0,14	1,06	0,11	—	—	—
6. Serie 26	0,35	—	—	—	—	0,16	1,73	108 000
Mischungsverhältnis.... 1:10	2,08	0,16	—	0,16	—	0,16	1,40	88 000
Wasserzusatz....... 13%	3,48	0,35	0,03	0,32	0,08	0,19	1,38	73 000
Wasserzementfaktor.... 1,43	4,86	0,56	0,05	0,51	0,09	0,23	1,39	61 000
Raumgewicht....... 2,1%	6,25	0,83	0,09	0,74	0,11	0,26	1,40	54 000
Zement 9,1%	7,65	1,12	0,12	1,00	0,11	0,29	1,39	48 000
Kornzusammen-}Sand . 60,9%	9,04	1,63	0,34	1,29	0,21	—	—	—
setzung nach 5}Kies . 30%	—	—	—	—	—	—	—	—

Körperform: Prismen $12 \times 12 \times 50$ cm.

Raumtemperatur: 18°.

Meßstrecke: 20 cm.

Versuchsreihe II.

Tabelle 16. a) Elastizitätsmessungen an 28 Tage alten Körpern.

Serie	Bemerkungen		σ_{bd} in kg/cm²	Verkürzungen in $^1/_{500}$ cm gesamt	bleibend	federnd	Δ federnd	$\frac{\Delta \text{ bleibend}}{\Delta \text{ gesamt}}$	$\Delta \sigma_{bd}$ in kg/cm²	ε in $^1/_{100\,000}$ cm	E_{bd} in kg/cm²
1. Serie 12	Mischungsverhältnis	1:6	14,05	—	—	—	0,35	0,05	12,29	4,67	264 000
	Wasserzusatz	9 % plastisch	26,34	0,37	0,02	0,35	0,37	0,11	12,26	4,94	249 000
	Wasserzementfaktor	0,63	38,60	0,81	0,09	0,72	0,435	0,23	13,20	5,80	228 000
	Würfelfestigkeit	174 kg/cm²	51,80	1,425	0,27	1,155	0,475	0,25	13,20	6,35	208 000
	Prismenfestigkeit	131 „	65,00	2,19	0,56	1,63	0,54	0,29	13,30	7,20	185 000
	Kornzusammensetzung nach	3	78,30	3,08	0,91	2,17	—	—	—	—	—
1a. Serie 9	Mischungsverhältnis	1:6	14,05	—	—	—	0,47	0,13	12,29	6,27	196 000
	Wasserzusatz	10 % gießfähig	26,34	0,54	0,07	0,47	0,53	0,16	12,26	7,08	173 000
	Wasserzementfaktor	0,7	38,60	1,19	0,19	1,00	0,63	0,224	13,20	8,40	157 000
	Würfelfestigkeit	151 kg/cm²	51,80	2,10	0,47	1,63	0,72	0,25	13,20	9,60	138 000
	Prismenfestigkeit	110 „	65,00	3,15	0,80	2,35	—	—	—	—	—
	Kornzusammensetzung nach	3	—	—	—	—	—	—	—	—	—
2. Serie 16	Mischungsverhältnis	1:6	14,05	—	—	—	0,54	0,15	12,29	7,20	171 000
	Wasserzusatz	12 % plastisch	26,34	0,64	0,10	0,54	0,58	0,17	12,26	7,75	158 000
	Wasserzementfaktor	0,84	38,60	1,36	0,24	1,12	0,70	0,25	13,20	9,40	140 000
	Würfelfestigkeit	96 kg/cm²	51,80	2,42	0,60	1,82	—	—	—	—	—
	Prismenfestigkeit	70 „	—	—	—	—	—	—	—	—	—
	Kornzusammensetzung nach	5	—	—	—	—	—	—	—	—	—
2a. Serie 17	Mischungsverhältnis	1:6	14,05	—	—	—	0,62	0,19	12,26	8,26	149 000
	Wasserzusatz	13 % gießfähig	26,34	0,77	0,15	0,62	0,77	0,28	12,29	10,30	125 000
	Wasserzementfaktor	0,91	38,60	1,93	0,54	1,39	0,94	0,38	13,20	12,52	105 000
	Würfelfestigkeit	82 kg/cm²	51,80	3,73	1,40	2,33	—	—	—	—	—
	Prismenfestigkeit	63 „	—	—	—	—	—	—	—	—	—
	Kornzusammensetzung nach	5	—	—	—	—	—	—	—	—	—

b) Elastizitätsmessungen an 90 Tage alten Körpern.

3. Mischungsverhältnis . . . . 1 : 6	14,05	—	—	—	0,51	0,01	12,29	4,10	300 000
Würfelfestigkeit . . . . . . 230 kg/cm²	26,34	0,52	0,01	0,51[1])	0,57	0,04	12,26	4,57	268 000
Prismenfestigkeit . . . . . . 174 „	38,60	1,13	0,05	1,08	0,67	0,08	13,20	5,36	246 000
	51,80	1,90	0,15	1,75	0,75	0,12	13,20	6,00	220 000
sonst wie unter 1	65,00	2,84	0,34	2,50	0,80	0,17	13,30	6,40	200 000
	78,30	4,01	0,71	3,30	—	—	—	—	—
3a. Mischungsverhältnis . . . . 1 : 6	14,05	—	—	—	0,61	0,06	12,29	4,90	250 000
Würfelfestigkeit . . . . . . 179 kg/cm²	26,34	0,65	0,04	0,61	0,69	0,12	12,26	5,53	220 000
Prismenfestigkeit . . . . . . 132 „	38,60	1,49	0,19	1,30	0,82	0,15	13,20	6,60	200 000
	51,80	2,51	0,39	2,12	0,935	0,21	13,30	7,50	180 000
sonst wie unter 1a	65,00	3,855	0,80	3,055	—	—	—	—	—
4. Mischungsverhältnis . . . . . 1 : 6	14,05	—	—	—	0,69	0,11	12,29	5,55	221 000
Würfelfestigkeit . . . . . . 119 kg/cm²	26,34	0,78	0,09	0,69	0,80	0,13	12,26	6,42	191 000
Prismenfestigkeit . . . . . . 80 „	38,60	1,72	0,23	1,49	0,97	0,19	13,20	7,78	170 000
	51,80	3,06	0,60	2,46	1,13	0,27	13,20	9,16	146 000
sonst wie unter 2	65,00	4,94	1,35	3,59	—	—	—	—	—
4a. Mischungsverhältnis . . . . 1 : 6	14,05	—	—	—	0,95	0,13	12,29	7,62	161 000
Würfelfestigkeit . . . . . . 98 kg/cm²	26,34	1,09	0,14	0,95	1,13	0,22	12,26	9,06	135 000
Prismenfestigkeit . . . . . . 70 „	38,60	2,68	0,60	2,08	1,38	0,32	13,20	11,10	118 000
sonst wie unter 2a	51,80	5,11	1,65	3,46	—	—	—	—	—

Körperform: Prismen $10 \times 10 \times 30$ cm.

Raumtemperatur: 18°.

Meßstrecke: 15 cm.

---

[1]) Verkürzungen $^1/_{830}$ cm.

Entsprechend der Abnahme der Elastizitätsmoduli nehmen die Verkürzungen unter Einwirkung der obigen Faktoren zu. Abb. 22 zeigt in graphischer Auswertung der Beziehungen zwischen Druckspannung und federnden Verkürzungen diese Zunahme. Abb. 23 veranschaulicht die Abnahme der Elastizitätsmoduli mit zunehmender Spannung.

Bei der Versuchsreihe II wurden Gußbetonprobekörper der Serien 9 und 17, diesmal in Parallele mit plastischen Betonkörpern der Serien 12 und 16, geprüft. Die Prüfung erfolgte nach 28 und nach 90 Tagen.

Analog Abb. 22 sind in Abb. 24 wieder die Druckspannungen mit den federnden Verkürzungen verglichen worden. Dabei ergab sich, daß mit zunehmendem Alter die Verkürzungen sowohl bei plastischem als auch bei Gußbeton abnehmen. Die Elastizitätsmoduli wachsen entsprechend. Der höhere Wasserzusatz bewirkt auch hier wie bei Versuchsreihe I eine Abnahme der Elastizitätsmoduli. Die größere Nachgiebigkeit des Gußbetons gegenüber dem plastischen Beton tritt deutlich zutage.

Abschließend kann ganz allgemein gesagt werden, daß die Gesetzmäßigkeiten, wie sie sich aus den einleitend erwähnten Versuchen schon ergeben haben, auch für das Gebiet des Gußbetons ihre entsprechende Gültigkeit behalten.

II. Das Schwinden des Gußbetons.

Nach vorhandenen Untersuchungen wird das Schwinden des Betons durch eine Reihe von Faktoren beeinflußt. Zementart und -gehalt, Wasserzusatz, Kornzusammensetzung, Alter, Form, Lagerung und Nachbehandlung der Probekörper unter besonderer Berücksichtigung der Temperatur und des Feuchtigkeitsgehaltes der Umgebung spielen hier eine Rolle.

Im großen und ganzen sind es dieselben Größen, die auch auf den Verfestigungsvorgang des Betons einwirken. Hier wie dort spielen chemische Vorgänge mit hinein, die in der Hauptsache noch ungeklärt sind, und auch hier ergibt sich die Schwierigkeit, den Laboratoriumsversuch für die Praxis auszuwerten, um diesmal den Schwindspannungen möglichst Rechnung zu tragen. Die Probekörper reagieren teilweise recht empfindlich auf die zahlreichen oben genannten Einflüsse. Die Ableitung allgemeiner Gesetze auf Grund der Laboratoriumsversuche wird dadurch noch mehr erschwert. Ihr Wert wäre für die Praxis zudem auch stark in Frage gestellt, weil die Verschiedenheit der Größenverhältnisse zwischen Probekörper und Betonkörper im Bauwerk sowie die dort vorhandene Einwirkung jeglicher Witterung einwandfreie Rückschlüsse auf das Verhalten des Betons im Bauwerk doch nicht ermöglichen.

Die vorhandenen Schwindmessungen sind in der Hauptsache an Stampfbeton- und plastischen Betonkörpern ausgeführt worden. Auf die Erörterung ihrer Einzelergebnisse wird hier verzichtet. Der Verfasser verweist in diesem Zusammenhang auf die Arbeit von Hummel[1]), in der auch die verschiedenen Schwindmessungsmethoden eingehend erörtert werden.

Nur zwei Ergebnisse seien mitgeteilt, weil sie an stark nassen Betonprobekörpern gewonnen wurden. Es ist dies einerseits das um 27% geringere Schwinden des weichen Betons gegenüber dem fließenden, ein Resultat aus

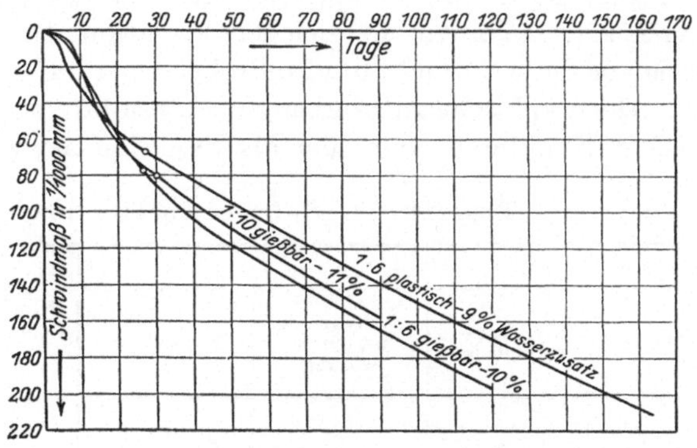

Abb. 25. Schwindmaße von sandarmem Beton (Kornzusammensetzung 3).

den Versuchen von Kirsch[2]), und andererseits das ergänzende Ergebnis der Stuttgarter Versuche[3]), daß Gußbeton in den ersten Wochen im Vergleich zu Stampfbeton weniger schwindet.

Über die benutzte Schwindmeßeinrichtung vergleiche die unter [3]) angegebene Literatur.

Die Probekörper lagerten trocken in einem Raum mit konstant 18° Lufttemperatur und wurden auch dort gemessen. Die Messung erfolgte in der Körperlängsachse.

Die Prüfungsergebnisse sind in ihren Mittelwerten aus je drei Versuchskörpern auf S. 47 unter b nach Tagen geordnet zusammen-

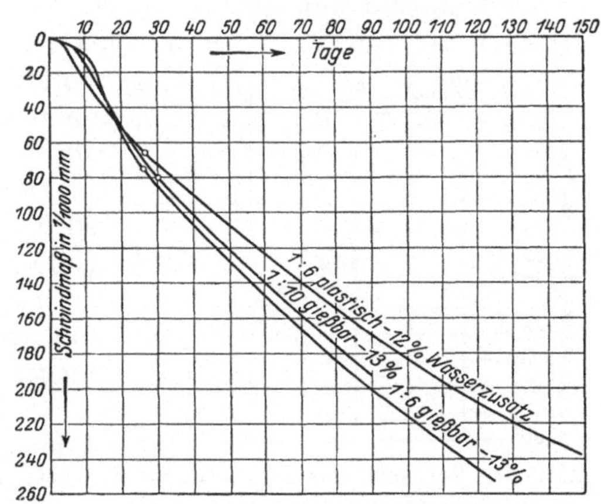

Abb. 26. Schwindmaße von sandreichem Beton (Kornzusammensetzung 5).

---

[1]) Über Volumenänderungen, die Festigkeit und die Wasserdichtigkeit von Beton bei Verwendung von Portlandzement und dem hochwertigen Tonerdezement. Dissertation: Karlsruhe 1924.

[2]) Versuche über das Schwinden von Beton. Leipzig u. Wien 1922.

[3]) Vgl. Probst: Vorlesungen über Eisenbeton, I. Bd.

gestellt. Spalte a gibt Aufschluß über die Art der Probekörper. Es wurden auch hier wieder die aus den vorhergehenden Untersuchungen bekannten Serien gewählt. Serie 12 und 16 als plastische Vergleichsmischungen 1:6 mit sandarmen und sandreichen Kornzusammensetzungen, ferner die entsprechenden Gußbetonmischungen 1:6 (Serie 9 und 17); außerdem in gleicher Variation der Kornzusammensetzung wie vor Serie 25 und 26, also Probekörper im Mischungsverhältnis 1:10.

Die graphische Auswertung der Resultate zeigen die Abb. 25 und 26. Die Schwindmaße sind hier als Funktion der Zeit aufgetragen.

Tabelle 17. Schwindmaße nach 90 Tagen.

a	b	c	d	e	f
		Korn		Schwindmaße	nach 90 Tg. in mm
Serie	Mischungsverhältnis	zusammensetzung	Konsistenz	Versuchskörperlänge	
				0,5 m	1,0 m
12	} 1 : 6	3	plastisch	0,138	0,276
9		3	gießbar	0,163	0,326
16	} 1 : 6	5	plastisch	0,170	0,340
17		5	gießbar	0,200	0,400
25	} 1 : 10	3	gießbar	0,157	0,314
26		5	gießbar	0,192	0,384

Im Vergleich mit den entsprechenden plastischen Mischungen schwindet der Gußbeton anfänglich weniger. Dieses verzögerte Schwinden hält ungefähr bis zum 20. Tage an; von da ab schwindet der gegossene Beton stärker, und zwar die fette Mischung 1:6 mehr wie die magere Mischung 1:10.

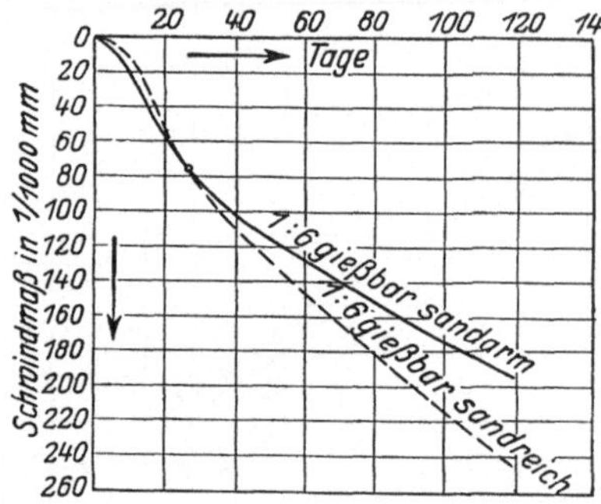

Abb. 27. Vergleich der Schwindmaße von sandreichem und sandarmem Gußbeton.

Die absoluten Schwindmaße nach 90 Tagen sind in Tabelle 17 eingetragen, und zwar unter e für die vorliegende Versuchskörperlänge, und unter f auf 1 m Körperlänge umgerechnet.

In Abb. 27 ist zum Vergleich der beiden Gußbetonmischungen 1:6 der Verlauf ihrer Schwindung in verkleinertem Maßstab aus den Abb. 25 und 26 übertragen worden.

Die sandreichen und daher wasserhaltigeren Probekörper schwinden anfänglich weniger wie die gröberen, wasserärmeren Körper. Nach rund 28 Tagen setzt aber eine stärkere Schwindung des nasseren Betons ein, so daß die Kurve der sandreichen Mischung diejenige der sandarmen überschneidet. Die Gußbetonmischungen 1:10 und die Mischungen 1:6

Tabelle 18. Ergebnisse der Schwindmessungen.

a	b										
Art der Probekörper	Schwindmaße nach Tagen:										
	1	2	4	8	10	16	32	64	90	120	150
1. Serie 12 Plastischer Beton Mischungsverhältnis 1 : 6	0	2	6	26	31	47	72	108	138	170	198
Wasserzusatz . . . . 9% Wasserzementfaktor 0,63	0	4	12	52	62	94	144	216	276	340	396[1]
Kornzusammensetzung 3											
2. Serie 9 Gußbeton Mischungsverhältnis 1 : 6	—	0	3	11	19	42	88	134	163	197	—
Wasserzusatz . . . 10% Wasserzementfaktor 0,7	—	0	6	22	38	84	176	268	326	394[1]	—
Kornzusammensetzung 3											
3. Serie 16 Plastischer Beton Mischungsverhältnis 1 : 6	—	0	5	20	26	42	74	128	168	208	239
Wasserzusatz . . . 12% Wasserzementfaktor 0,91	—	0	10	40	52	84	148	256	336	416	478[1]
Kornzusammensetzung 5											
4. Serie 17 Gußbeton Mischungsverhältnis 1 : 6	—	0	3	6	10	36	90	156	200	246	—
Wasserzusatz . . . 13% Wasserzementfaktor 0,91	—	0	6	12	20	72	180	312	400	492[1]	—
Kornzusammensetzung 5											
5. Serie 25 Gußbeton Mischungsverhältnis 1 : 10	—	0	3	10	19	50	82	126	157	—	—
Wasserzusatz . . . 11% Wasserzementfaktor 1,21	—	0	6	20	38	100	164	252	314[1]	—	—
Kornzusammensetzung 3											
6. Serie 26 Gußbeton Mischungsverhältnis 1 : 10	—	0	2	10	15	36	84	148	192	—	—
Wasserzusatz . . . 13% Wasserzementfaktor 1,43	—	0	4	20	30	72	168	296	384[1]	—	—
Kornzusammensetzung 5											

Versuchskörper: Unbewehrte Betonprismen 12×12×50 cm.
Raumtemperatur: konstant 18°.
Raumfeuchtigkeit: 60—75%.
Messungen in $^1/_{1000}$ mm.

[1] Auf eine Versuchskörperlänge von 1 m bezogen.

aus plastischem Beton zeigen unter sich die gleiche Gesetzmäßigkeit. Der Übersichtlichkeit wegen ist hier auf eine graphische Darstellung verzichtet worden, doch sind die jeweiligen Überschneidungspunkte der Kurven in den Abb. 25 und 26 durch Kreise angedeutet.

Auf Grund der vorliegenden Ergebnisse läßt sich sagen, daß mit zunehmendem Wasserzusatz auch eine Zunahme des absoluten Schwindmaßes festzustellen ist unter anfänglicher Hinauszögerung des Schwindvorganges.

Die Körper konnten frühestens nach 24 Stunden ausgeschalt werden. Versuche, sie früher auszuschalen und zu messen, scheiterten an der geringen Anfangsfestigkeit. Nur einmal gelang es, einen Körper der Serie 17 schon nach 21 und nach 28 Stunden zu messen, wobei sich Schwellungen von 0,003 und 0,0045 mm feststellen ließen. Eine Lockerung des Meßbolzens infolge einer ungeschickten Einstellung des Probekörpers im Meßapparat machte aber eine weitere Messung unmöglich, die auch nur bedingten Wert gehabt hätte, da die Vergleichskörper fehlten.

III. Wasserdichtigkeits- und Strukturuntersuchungen.

a) Die Prüfung der Wasserdichtigkeit.

Als Ergänzung der Dichtigkeitsuntersuchungen im Kapitel über die Festigkeit des Gußbetons sind hier einige Versuche zur Prüfung der Wasserdurchlässigkeit unternommen worden.

Über die Prüfungsmethode und die zur Verfügung stehende Apparatur vergleiche Probst[1]). Die Probekörper wurden so eingespannt, daß der Wasserdruck jeweils auf ihre Unterseite wirkte.

Geprüft wurden Kreisplatten aus plastischem Beton (Serie 12 und 16) und aus Gußbeton (Serie 9, 17 und 19), also Platten im Mischungsverhältnis 1:6 jeweils mit sandarmem und sandreichem Kiessandzuschlag hergestellt. Die Mittelwerte aus je drei Versuchen sind auf S. 51 unter b—e eingetragen. In Spalte a ist die Prüfungsart kurz charakterisiert.

Die Wasseraufsaugefähigkeit des Betons wurde bei allen Serien bei 1 at Wasserdruck beobachtet. Sie gibt mir den ersten Anhalt für die Beurteilung des Materials. Die Gußbetonplatten durchfeuchteten schneller und intensiver wie die aus plastischem Beton. Je sandreicher und wasserhaltiger der Beton war, desto rascher ging diese Durchfeuchtung vor sich. Als Prüfungsmaß diente einmal die Zeitspanne bis zum Auftreten von Wasserperlen an der Körperoberfläche (vgl. die Spalten 4 und 22) und das andere Mal die in den Körper eingedrungene Wassermenge nach den einzelnen Prüfungsabschnitten (Spalte 11). Die Beob-

---

[1]) Vorlesung über Eisenbeton. I. Bd.

achtungen decken sich mit den Feststellungen bei der Hohlraumbestimmung, wo mit Steigerung des Sand- und Wasserzusatzes eine Hohlraumvermehrung festgestellt wurde.

Der rascheren Durchfeuchtung der sandhaltigen Probekörper entspricht bei längerer Prüfungsdauer die größere Menge durchgeflossenen Wassers innerhalb der einzelnen unter a angegebenen Zeitabschnitte. In Abb. 28 sind diese Wassermengen bei einem Wasserdruck von 3 at als Funktion der Zeit graphisch aufgetragen. Der Verlauf der Kurven zeigt, wie nach anfänglicher starker Undichtigkeit auch die Platten aus Gußbeton sich mit der Zeit mehr und mehr abdichten, eine Beobachtung, die an plastischen Betonprobekörpern schon verschiedentlich gemacht worden ist. Die allmähliche Abdichtung wird durch Porenverstopfung infolge Zementquellungen und Ausscheidungen von Kalk erklärt.

Die sandreichen Gußbetonprobekörper der Serie 17 mit 13% Wasserzusatz hielten einen höheren Wasserdruck wie 3 at nicht aus. Bei den sandarmen Probekörpern der Serie 9 mit 10% Wasserzusatz konnte hingegen der Wasserdruck bei zwei Versuchskörpern bis auf 8 at gesteigert werden. Der dritte Körper zersprang beim Einspannen. Die durchgeflossenen Wassermengen innerhalb der einzelnen Zeitabschnitte unterschieden sich bei den beiden vorgenannten Kreisplatten allerdings teilweise um 65%. Es wird deshalb hier nur das Endergebnis des Versuches, die vollständige Abdichtung nach 260 bzw. 279 Stunden, mitgeteilt.

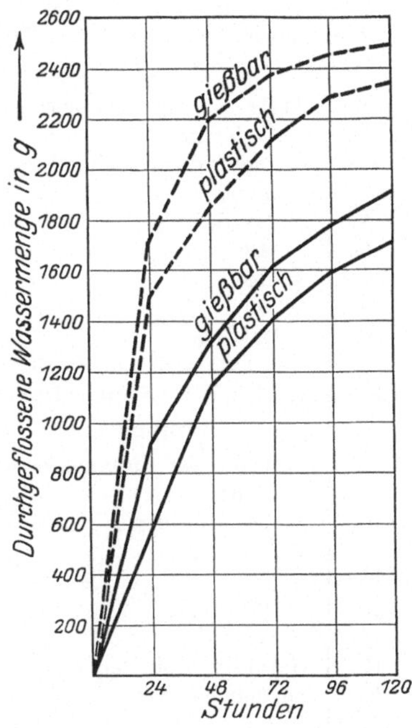

Abb. 28. Durchgeflossene Wassermengen bei 3 at Wasserdruck. Kornzusammensetzung —— nach Kurve 3, – – nach Kurve 5.

Die Probekörper der sandreichen und stark wasserhaltigen Serie 19 hielten selbst einen Wasserdruck von 3 at nicht aus. Im nachfolgenden Kapitel wird hierauf noch zurückzukommen sein.

Zusammenfassend kann gesagt werden, daß die Wasserdichtigkeit des Gußbetons mit abnehmendem Wasserzusatz wächst[1]). Dies schließt auf Grund der Konsistenzprüfungen in gewissen Grenzen auch ein Wachsen der Wasserdichtigkeit durch Verringerung des Sandgehaltes in sich.

---

[1]) Vgl. O t z e n : Stampfbeton oder Gußbeton. Bauing. 1923.

Tabelle 19. Ergebnisse der

Lfd. Nr.	a Prüfungsart	b Serie 9 Gußbetonmischung 1:6 Kornzusammensetzung 3 Wasserzusatz 10%
1	Körpergewicht beim Ausschalen	37 600 g
2	„ vor der Prüfung	37 106 g
3	Gewichtsverlust durch Austrocknung . . .	494 g
	Prüfung unter 1 at Druck.	
4	Auftreten von Wasserperlen an der Oberfläche nach Stunden	19,5
	Gewicht der durchgeflossenen Wassermenge nach:	
5	24 Stunden	—
6	48 „	40 g
7	72 „	250 g
8	96 „	400 g
9	120 „	476 g
10	Gewicht nach der Prüfung.	38 200 g
11	In den Körper eingedrungene Wassermenge	1 094 g
	Prüfung unter 3 at Druck.	
	Gewicht der durchgeflossenen Wassermenge nach:	
12	24 Stunden	930 g
13	48 „	1 320 g
14	72 „	1 618 g
15	96 „	1 795 g
16	120 „	1 913 g
17	Gewicht nach der Prüfung.	38 223 g
18	In den Körper eingedrungene Wassermenge	1 117 g
		Serie 19 [2] Gußbetonmischung 1:6 Kornzusammensetzung 5 Wasserzusatz 21%
19	Körpergewicht beim Ausschalen	35 500 g
20	„ vor der Prüfung	33 900 3
21	Gewichtsverlust durch Austrocknung . . .	1600 g
	Prüfung unter 1 at Druck.	
22	Auftreten von Wasserperlen an der Oberfläche nach Stunden	6,5

Erstrebenswert sind also auch hier wie bei der Festigkeit Betongemenge, deren Konsistenz durch die Konsistenzzahl 173 gekennzeichnet ist. Es sind dies Mischungen mit grobem Kiessandzuschlag, die rein äußerlich betrachtet zwar einen weniger dichten Eindruck machen wie

---

[1] Mittelwerte aus je 3 Versuchen. Alter der Probekörper: 4 Monate. Körperform: Kreisplatten 40 cm Durchmesser, 10 cm Höhe.

[2] Prüfung abgebrochen, da die Einzelwerte der durchgeflossenen Wassermenge bei 1 at Druck zu stark variierten.

Wasserdichtigkeitsprüfung[1]).

c	d	e
Serie 17 Gußbetonmischung 1:6 Kornzusammensetzung 5 Wasserzusatz 13%	Serie 12 plastischer Beton 1:6 Kornzusammensetzung 3 Wasserzusatz 9%	Serie 16 plastischer Beton 1:6 Kornzusammensetzung 5 Wasserzusatz 12%
36 200 g	35 870 g	34 900 g
35 120 g	35 465 g	33 840 g
1 080 g	405 g	1 060 g
16	21	18
412 g	—	380 g
741 g	18 g	690 g
1 038 g	170 g	939 g
1 216 g	310 g	1 068 g
1 350 g	362 g	1 120 g
36 436 g	36 277 g	34 741 g
1 316 g	812 g	901 g
1 720 g	608 g	1 500 g
2 206 g	1 161 g	1 863 g
2380 g	1 415 g	2 125 g
2 463 g	1 601 g	2 297 g
2 503 g	1 710 g	2 456 g
36 519 g	36 485 g	34 767 g
1 399 g	1 020 g	927 g
—	—	—
—	—	—
—	—	—
—	—	—

die sandreichen Probekörper, aber auf Grund der vorhergehenden Untersuchungen den geringsten Prozentsatz an Hohlräumen und die dementsprechend größte Wasserdichtigkeit besitzen.

b) Strukturuntersuchungen.

Versuche, durch die Mikrophotographie im Anschluß an die Dichtigkeits- und Wasserdichtigkeitsuntersuchungen weiteren Aufschluß über die Struktur des Gußbetons zu bekommen, scheiterten an der geringen Festigkeit des Materials.

Die Schnittfläche der 4 Monate alten Probekörper zeigten besonders bei den sandhaltigen Serien starke Strukturverletzungen, so daß es nicht möglich war, durch Schleifen hier die erforderlichen genau ebenen Flächen zu erzielen. In den Abb. 29 und 30 konnten deshalb nur die Schnittflächen zweier Gußbetonkörper im einfachen Lichtbild dargestellt werden, und zwar unter Abb. 29 Gußbeton im Mischungsverhältnis 1:6, sandarm mit

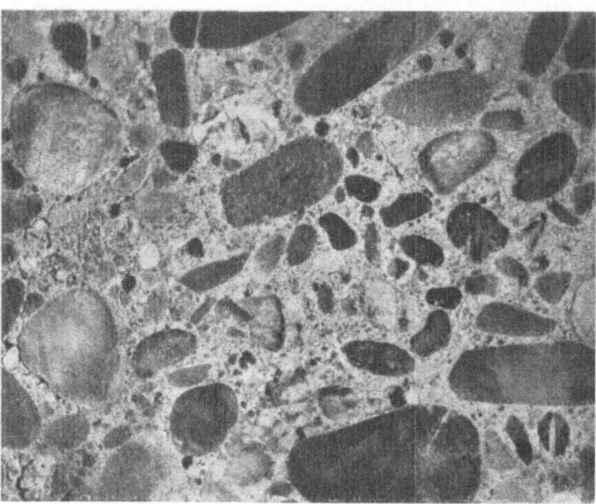

Abb. 29. Schnittfläche von sandarmem Gußbeton 1:6.

10% Wasserzusatz (Serie 9) und unter Abb. 30 Gußbeton im gleichen Mischungsverhältnis wie oben, jedoch sandreich mit 13% Wasserzusatz (Serie 17).

Der für das Gießen des Betons erforderliche Wasserzusatz wird durch den Mischvorgang mechanisch in das Betonbindematerial hineingepreßt. Nur ein ganz geringer Teil dieses Wassers kann hier vom Zement verarbeitet, d. h. chemisch gebunden werden. Die weitaus größte Menge bleibt als Fremdkörper ledig-

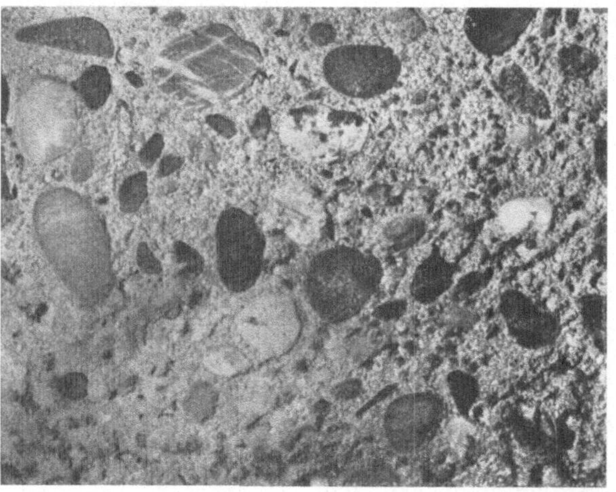

Abb. 30. Schnittfläche von sandreichem Gußbeton 1:6.

lich so lange in engerem Zusammenhang mit der Betonmasse, als die Einwirkung der Durchmischung oder die Vermengung beim Durchfließen der Rinne dauern. In der Gießform dringt nach dem Füllen, sobald der Beton in Ruhe ist, ein Teil dieses überschüssigen Wassers unter Einwirkung der Betonauflast nach oben und läuft hier in der Regel ab. Ein anderer Teil verbleibt im Beton, überdauert hier den Verfestigungsvorgang und wird erst allmählich durch Verdunsten abgegeben.

Nach der Struktur des Kittmaterials zu urteilen, findet dabei keine Konzentration von Wasser an bestimmten Stellen statt. Großporen, um die Bezeichnung von Maier[1]) zu wählen, waren nicht zu erkennen; vielmehr zeigt der Mörtel eine poröse Struktur, die auf ein feinfaseriges Porensystem rückschließen läßt (Feinporen). Die Porosität des Binde-mittels nimmt bei Gußbeton mit zunehmendem Wasserzusatz zu. Vgl. hierzu Abb. 29, wo der sand- und wasserarme Gußbeton der Serie 9 im Gegensatz zu dem wasserhaltigeren, sandreicheren Gußbeton der Serie 17 (Abb. 30) einen bedeutend dichteren Mörtel aufweist.

Es war noch zu untersuchen, ob das Wasser, welches sich beim Füllen der Formen auf der Betonoberfläche absetzte, beim Durchdringen des

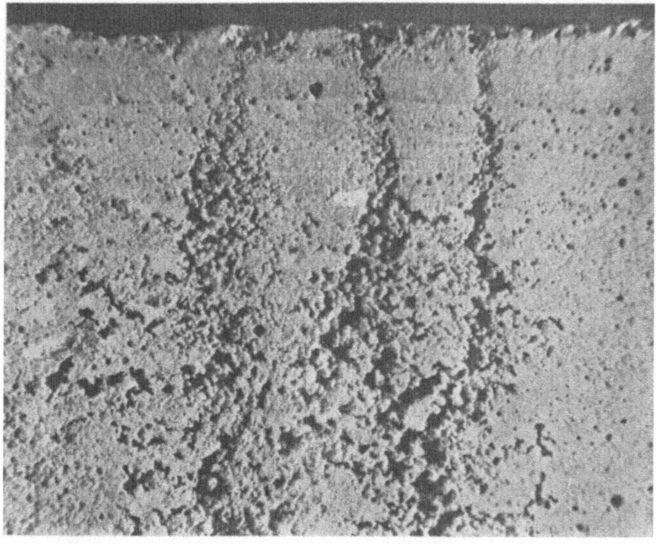

Abb. 31. Wasseradern an den Seitenwandungen (Beton abgebunden).
Vergrößerung 2,3 fach.

Betons irgendwelche bleibenden Strukturveränderungen hervorrufen würde. Die Mikrophotographie versagt leider, doch fielen beim Aus-schalen von Probekörpern der stark wasserhaltigen Serie 19 (Beton 1:6,

---

[1]) Vgl. Maier: Die Entstehung des Porenvolumens. Dissertation Karlsruhe.

Kornzusammensetzung 5 sandreich, 21% Wasser) eigenartige Konturen an den Seitenwandungen dieser Körper auf, die leicht mit unbewaffnetem Auge als Wasseradern erkannt wurden (s. Abb. 31).

Die Adern begannen feinfaserig gewöhnlich im oberen Drittel der Körperhöhe und endeten an der Körperoberfläche in einzelnen Kratern (s. Abb. 32), die unregelmäßig auf der ganzen Oberfläche verteilt sind.

Man erkennt deutlich, wie um eine Öffnung sich jeweils feinste Zementteilchen abgelagert haben, die mit dem Wasser aus dem Körper-

Abb. 32. Kraterbildung auf der Körperoberfläche.
Vergrößerung 2,3 fach.

innern emporgeschwemmt wurden und als helle, glatte Schichten sich von der dunklen, rauhen Oberfläche des Betons gut abheben.

Bei der Wasserdichtigkeitsprüfung wurde darauf hingewiesen, daß bei einem Wasserdruck von nur 1 at sich an der Oberfläche dieser Körper verhältnismäßig schnell Wasserperlen bildeten. Das Wasser trat dabei stets durch die Krateröffnungen aus, ein Zeichen dafür, daß auch das Druckwasser den Weg durch die Wasseradern nimmt, und daß diese Wasseradern nicht nur an den Seitenflächen, sondern auch im Körperinnern vorhanden sind.

Es sei hier nochmals ausdrücklich vermerkt, daß der Gußbeton der Serie 19 mit seinen 21% Wasserzusatz im Vergleich zu dem entsprechenden Beton mit normaler Gießbarkeit ein Mehr an Wasser von 8% aufweist.

Die Körper der übrigen Gußbetonserien zeigten auf ihrer Oberfläche lediglich eine Marmorierung, also glatte, helle zementreiche Flächen auf dunklem Betonuntergrund. Irgendwelche Öffnungen waren nicht vorhanden, auch fehlten die Wasseradern an den Seitenflächen.

IV. Entmischung beim Transport von Gußbeton.

Abschließend möge hier noch die Frage der Entmischung beim Transport von Gußbeton untersucht werden.

Der Beton wurde zu diesem Zweck aus der Mischmaschine in ein Glasgefäß gegossen, das in der Aufzugsmulde festgekeilt wurde. Damit war eine gute, allseitige Beobachtungsmöglichkeit geschaffen. Die Mulde wurde zehnmal, ohne zum Kippen gebracht zu werden, hochgezogen und abgelassen. Es entspricht dies ungefähr einer Förderhöhe von rund 140 m.

Nach dem Versuch zeigten sich sowohl bei den sandarmen wie bei den sandreichen Mischungen auf der Betonoberfläche Wasseransammlungen. Von einer Entmischung konnte jedoch nicht die Rede sein. Während beim groben Beton eine Umsortierung der Zuschlagstoffe kaum festzustellen war, zeigten die sandhaltigen Mischungen geringe Schichtbildungen. Beim Umkippen blieb eine ungefähr 2 cm starke Betonschicht am Muldenboden hängen.

Das jeweilige Anhalten der Aufzugsmulde vor dem Kippen verursachte auf den Beton starke Erschütterungen, wie sie beim gleichmäßigen Hochziehen sonst nicht auftreten. Die Erschütterungsbeanspruchungen waren also stärker als gewöhnlich und hätten eine Entmischung begünstigen müssen.

Es wurde dann versucht, den Beton, in gleiche Glasgefäße gefüllt, durch Transportieren in Schubkarren zum Entmischen zu bringen.

Dabei zeigte sich bei den sandhaltigen Mischungen bei einer Transportlänge von 1,5—1,8 km der Beginn einer langsam fortschreitenden Entmischung. In dem auf Abb. 33 dargestellten Gefäß mit wohlgemerkt nicht abgebundenem Beton ist diese Entmischung bis in Höhe a fortgeschritten. Unterhalb a haben sich festzusammengerüttelte Schichten gebildet in grober Sortierung nach der Schwere, oberhalb a ist die leicht bewegliche Betonmasse von deutlich sichtbaren Wasseradern durchzogen, in denen das Wasser wieder unter Mitreißen feinster Zementteilchen an die Oberfläche dringt und sich dort mit Zementschlamm vermengt oberhalb b absetzt. Beim Umkippen des Gefäßes haften die untersten Schichten fest im Glas. Die Verwendung des Betons ohne erneute intensive Durcharbeitung ist nicht möglich.

Bei den sandarmen Mischungen kam es nicht zur Bildung von Wasseradern. Das Material sortierte sich zwar auch hier, aber nicht in dem
Maße wie bei den sandreichen Mischungen. Wie schon bei Erörterung
der Frage über die Einwirkung der Betonauflast auf Beton näher er-
läutert (vgl. S. 25), kann auch hier das unterschiedliche Verhalten der
beiden Betonarten auf die größere Beweglichkeit der sandreichen Mischung zurückgeführt werden.

Während also sonst Wasseradern nur bei stark verwässerten Guß-
betongemengen auftreten, bilden sie sich bei normalen sandhaltigen Guß-

Abb. 33. Betonentmischung durch Transport.

betonmischungen unter Einwirkung von Erschütterungsbeanspruchungen, und zwar um so eher, je sandreicher die Mischung und je stärker
diese Erschütterungen sind. Die Gefahr einer Entmischung beim Transport wächst also mit dem Sand- und Wassergehalt einer Gußbetonmischung.

V. Schlußfolgerungen.

Die Ergebnisse der vorliegenden Untersuchungen lassen sich folgen-
dermaßen zusammenfassen:

Die Höhe des Wasserzusatzes und die Kornzusammensetzung sind für die Güte des Gußbetons von ausschlaggebender

Bedeutung. Unnötig hohe Wasserzusätze, durch falsche Kornzusammensetzung oder durch gleichgültige Behandlung der Konsistenzfrage verursacht, bewirken eine starke Wertverminderung des Betons. Es ergeben sich für diese Fälle geringere Werte für die Druckfestigkeiten. Eine weitere Folge davon sind niedrige Biegungszugfestigkeiten. Ferner wird der Beton ungemein nachgiebig und zeigt bei wiederholter Belastung stark zunehmende Formänderungen.

Durch entsprechende Änderungen in der Kornzusammensetzung des Betons im Verein mit exakten Konsistenzprüfungen kann aber andererseits die Betonfestigkeit so gesteigert werden, daß sie auch höheren Ansprüchen genügt.

Die Porosität des Mörtels, welche für die Dichtigkeit des Gußbetons von ausschlaggebender Bedeutung ist, wächst stark mit der Menge des überschüssigen Wassers. Die von feinfaserigen Porensystemen durchzogene Betonkittmasse wird infolgedessen immer wasserdurchlässiger. Bei starkem Wasserüberschuß bilden sich bei den sandhaltigen Mischungen Wasseradern, die sowohl die Betonfestigkeit wie -dichtigkeit außerordentlich nachteilig beeinflussen.

Stets muß deshalb versucht werden, mit dem niedrigsten Wasserzementfaktor eine noch gießbare Mischung zu erzielen.

Diese Aufgabe wäre jeweils nach den hier entwickelten Grundsätzen durch Vorversuche zu lösen.

Die Wahl des Mischungsverhältnisses von Sand zu Kies evtl. zu Schotter hat unter dem Gesichtspunkt zu geschehen, eine gute Abstufung sämtlicher Korngrößen zu schaffen. Starkes Überwiegen einzelner Kornstufen ist zu vermeiden. Schwankungen in der Kieszusammensetzung haben nur geringe Einwirkung auf die Konsistenz, dagegen ist der Sandzusammensetzung erhöhte Bedeutung beizumessen.

Der für die Gießbarkeit des Betons erforderliche Mindestprozentsatz an Sand, ausgedrückt in Gewichtsprozenten des Zuschlagmaterials, beträgt rund 40%. Mangel an Sand verursacht Entmischungen des Betons beim Durchfließen der Rinne. Sandüberschuß verlangt hohen Wasserzusatz und bewirkt dadurch die schon oben erwähnten Verschlechterungen des Gußbetons.

Die Untersuchungen haben gezeigt, daß die Mischungen mit Kornzusammensetzungen etwa nach der Fuller-Kurve sehr gute Resultate zeitigten. Sie ergeben bei Gußbeton in bezug auf Dichtigkeit und Festigkeit die günstigsten Werte.

Die Schwindmaße des Gußbetons nehmen mit wachsendem Wasserzusatz unter anfänglicher Hinauszögerung des Schwindvorganges zu. Dies schließt auf Grund der Konsistenzprüfung das stärkere Schwinden sandreicher Mischungen gegenüber sandarmen in sich.

Gußbetongemenge mit größerem Sandgehalt werden beim Transport leichter entmischt als sandarme Mischungen. Die Entmischung geht dabei unter Bildung von Wasseradern vor sich, und zwar um so leichter, je größer die Erschütterungsbeanspruchungen beim Transportieren sind. Die Gefahr einer Entmischung bei einem Gußbeton mit gut abgestuften Zuschlagsmaterialien ist verhältnismäßig gering.

Konsistenzprüfungen des Betons mit Rinne oder Fließtisch sind sehr zu empfehlen. Der Begriff „gießfähiger oder flüssiger" Beton ist nicht eindeutig, da er einen weiten Spielraum in der Bewegung des Betons deckt. Die subjektive Beurteilung dieses Bewegungs- oder Fließbarkeitsgrades haftet der Konsistenzprüfung mit der Rinne als Mangel an, während der Fließtisch den jeweiligen Grad der Plastizität objektiv kennzeichnet und deshalb der Rinne vorzuziehen ist.

Eine Normierung der Konsistenzprüfung ist bei Gußbetonversuchen unumgänglich nötig. Bei der Rinne wäre die Rinnenneigung und Form und die Fließgeschwindigkeit des Betons unter Zugrundelegung einer bestimmten Betonmasse erforderlich. Beim Fließtisch wäre Hubhöhe, Anzahl der Wellenumdrehungen und Form des Blechzylinders zu normieren. Nur dadurch wäre die Möglichkeit gegeben, den Gültigkeitsbereich von Einzeluntersuchungen klarer zu umgrenzen.

Es ergibt sich aus den vorstehenden Untersuchungen, daß in jedem besonderen Fall vor der Anwendung des Gußverfahrens bei größeren Bauwerken durch eine Voruntersuchung jeweils die günstigsten Bedingungen für die Anwendbarkeit des Gußbetons geklärt werden sollten. Insbesondere gilt dies von Qualitätsbauwerken, wie z. B. hochbeanspruchte Wasserbauwerke oder Tragwerke, die größeren Erschütterungen ausgesetzt sind, wo unter allen Umständen Rißbildungen und allzu große Porosität beim Beton vermieden werden müssen.

Die Methode der Festpunkte zur Berechnung der statisch unbestimmten Konstruktionen mit zahlreichen Beispielen aus der Praxis insbesondere ausgeführten Eisenbetontragwerken. Von Dr.-Ing. **Ernst Suter.** Mit 591 Figuren im Text und auf 15 Tafeln. (745 S.) 1923.
19 Goldmark; gebunden 21 Goldmark / 4.55 Dollar; gebunden 5 Dollar

Die Lehren der Explosionskatastrophe in Oppau für das Bauwesen besprochen von Dipl.-Ing. **H. Goebel,** Oberingenieur der Bad. Anilin- und Sodafabrik in Ludwigshafen a. Rh. und Dr.-Ing. **E. Probst,** Professor an der Technischen Hochschule Karlsruhe in Baden. Mit 24 Abbildungen im Text und auf einer farbigen Tafel. (45 S.) 1923.   6 Goldmark / 1.45 Dollar

Der Beton- und Eisenbetonbau 1898—1923. Ein Bild technischer Entwicklung. Von Regierungsbaumeister Dr.-Ing. **W. Petry.** Herausgegeben vom Deutschen Beton-Verein (E. V.) aus Anlaß seines 25 jährigen Bestehens. (425 S.) 1923.   Gebunden 8 Goldmark / Gebunden 1.95 Dollar

Die Arbeitsfestigkeit der Eisenbetonbalken. Von Ingenieur **Wilhelm Thiel.** Mit 4 Abbildungen. (57 S.) 1924.   2.25 Goldmark / 0.55 Dollar

Organisation und Betriebsführung der Betontiefbaustellen. Von Dr.-Ing. **A. Agatz,** Baurat in Bremen. Mit 29 Abbildungen und Musterformularen. (88 S.) 1923.   3.60 Goldmark / 0.90 Dollar

Die Knickfestigkeit. Von Dr.-Ing. **Rudolf Mayer,** Privatdozent an der Technischen Hochschule in Karlsruhe. Mit 280 Textabbildungen und 87 Tabellen. (510 S.) 1921.   20 Goldmark / 4.80 Dollar

Theorie und Berechnung der eisernen Brücken. Von Dr.-Ing. **Friedrich Bleich.** Mit 486 Textabbildungen. (592 S.) 1924.
Gebunden 37.50 Goldmark / Gebunden 9 Goldmark

Der Eingelenkbogen für massive Straßenbrücken. Eine statisch-wirtschaftliche Untersuchung von Dr. sc. techn. **Ernst Burgdorfer,** Diplom-Ingenieur. Mit 51 Abbildungen im Text und 10 Tafeln. (167 S.) 1924.
7.50 Goldmark / 1.80 Dollar

Taschenbuch für Bauingenieure. Unter Mitwirkung von Fachleuten herausgegeben von Geh. Hofrat Professor Dr.-Ing. e. h. **Max Foerster** in Dresden. Vierte, verbesserte und erweiterte Auflage. Mit 3196 Textfiguren. In zwei Teilen. (2415 S.) 1921.
Gebunden 20 Goldmark / Gebunden 4.80 Dollar